探秘水煤浆气化

郭宝贵　路文学 等　编著

水煤浆升温
水分蒸发
煤热解
残炭气化
气体间化学反应
水煤浆
气化剂
O
粗煤气
混合雾化
气化炉

煤炭工业出版社
·北　京·

图书在版编目（CIP）数据

探秘水煤浆气化/郭宝贵等编著. --北京：煤炭工业出版社，2019

ISBN 978-7-5020-7364-0

Ⅰ.①探…　Ⅱ.①郭…　Ⅲ.①水煤浆—煤气化
Ⅳ.①TQ536.1

中国版本图书馆 CIP 数据核字(2019)第 055547 号

探秘水煤浆气化

编　　著　郭宝贵　路文学 等
责任编辑　籍　磊
责任校对　赵　盼
封面设计　王　滨

出版发行　煤炭工业出版社（北京市朝阳区芍药居 35 号　100029）
电　　话　010-84657898（总编室）　010-84657880（读者服务部）
网　　址　www.cciph.com.cn
印　　刷　北京市庆全新光印刷有限公司
经　　销　全国新华书店

开　　本　710mm×1000mm 1/16　**印张**　8 1/2　**字数**　106 千字
版　　次　2019 年 5 月第 1 版　2019 年 5 月第 1 次印刷
社内编号　20192095　**定价**　68.00 元

《探秘水煤浆气化》创作组

组　　长　王振华

成　　员　康淑云　尹洪清　李　磊　傅进军　于利红　赵梅梅
　　　　　　刘　峰　王　艳　邢　涛　侯超博　籍　磊

策划、统稿　康淑云

前言

增强民族自信　展示自主创新煤气化技术成果

煤气化是煤炭清洁高效利用的核心技术，是制备煤基化学品、清洁油气，发展整体煤气化联合循环（IGCC）发电、煤制氢等过程工业的基础，是影响煤化工项目效率、成本和健康发展的关键。

那么，煤气化技术的定义是什么？煤气化技术是指把经过适当处理的煤或煤焦送入反应器（如气化炉）内，在一定温度和压力下，通过与气化剂（空气或氧气以及水蒸气）发生化学反应，将煤或煤焦中的碳氢组分转化成气体物质的过程。其中，得到的气体物质又称之为煤气、水煤气或合成气。与煤的燃烧相比，气化过程是煤的不完全燃烧，可实现对煤中蕴含的化学能的梯级利用。煤炭燃烧是以获取热量为主，也产生气体，但其排放的污染性气体以及温室气体（二氧化碳）更多，而煤气化是以产生有用的合成气（$CO + H_2$）为主，后续可加工成高附加值的化学品，产生的污染物可以通过净化得到固定或去除，同时可副产硫黄、食品级二氧化碳等物质，从而变废为宝。

自19世纪中叶德国西门子（Siemens）兄弟最早开发煤气发生炉至今，煤气化已有150年的历史，形成了固定（移动）床、流化床和气流床3种技术流派。在煤气化技术发展的历程中，煤气化技术不断得到发展和完善，特别是20世纪70年代德士古（Texaco）水煤浆加压气化技术的工业化，大大推进了大型煤气化技术的发展。现在主流气化技术有鲁奇（Lurgi）、水煤浆气化、GSP、壳牌（Shell）、美国KBR等煤气化技术。

长期以来，煤气化技术被国外发达国家所垄断，我国自主知识产

权煤气化技术的研究和开发始于20世纪50年代。从“六五”计划开始，国家加大对煤气化技术开发的支持力度，也正是从这时起，引进了当时世界上最先进的德士古水煤浆加压气化技术。当时的鲁南化肥厂（兖矿鲁南化工有限公司前身）和华东化工学院（华东理工大学前身）等单位在国家和相关部门的支持下，走出了一条“技术引进—消化吸收—自主创新”的水煤浆气化创新超越之路。

历经20多年的基础研究和工程化研究，我国已研发出具有自主知识产权的多喷嘴对置式水煤浆气化技术，并得到国内外同行的充分认可。该技术在2005年成功实现商业化运营后，各项技术指标达到世界领先水平，先后荣获中国石油与化学工业联合会2006年度科技进步特等奖、2007年度国家科技进步二等奖，2016年“大型高效水煤浆气化过程关键技术创新及应用”又获得国家科技进步二等奖。

目前，多喷嘴对置式水煤浆气化技术工艺已成功推广、转让55个项目（其中国外2个），共计150台气化炉，年气化煤炭总量约5000万吨。国内单炉处理能力2000吨/天以上的水煤浆气化装置全部采用该技术。2016年9月23日，兖矿集团与韩国TENT公司签订了气化技术许可协议，这是继与美国Valero能源公司签订气化技术许可合同后取得的又一突破性进展，体现了该技术的国际竞争力。

受资源禀赋和能源安全等因素影响，在未来较长一段时期内，煤炭在我国能源结构中的地位仍难撼动。同时，煤炭清洁高效利用已成为煤炭行业新时代的新选择。煤气化技术作为煤炭清洁利用的龙头，将承担更大的责任及历史使命。然而，目前出版界煤气化图书多为专业性图书，其内容重点侧重于讲述理论和专业技术，读者范围较窄，不利于先进煤气化技术的广泛传播。为使更多的人了解煤气化技术，认识煤气化技术，尤其是了解我国自主创新的水煤浆气化技术工艺，并且为了更好地推广我国这一自主知识产权的煤气化技术，我们编写

了《探秘水煤浆气化》这一科普图书。目的就是要用科普的语言，形象生动地为读者讲述水煤浆气化技术的发展历程和技术创新关键点，让更多的人了解我国水煤浆气化技术自主创新、打造煤气化民族品牌、赶超世界先进水平的故事，为进一步推动我国煤炭清洁高效利用事业做出应有的贡献。

作为一本科普图书，《探秘水煤浆气化》从煤气化的简史讲起，回顾了我国水煤浆气化技术工艺引进、吸收、再创新，以及自主研发出对置式多喷嘴水煤浆气化技术及其装备，并实现其工业化的艰辛历程。书中形象地剖析了我国大型水煤浆气化关键技术工艺及其装备自主研发的创新点，揭示该项技术工艺不断进阶、不断进步的奥秘，展示技术创新团队为振兴我国煤气化事业的决心和取得的丰硕成果。以期让读者切身感受我国水煤浆气化技术从落后到领先世界的不凡历程，更加坚定中国制造、中国创造的民族自信，进而为建设创新型国家做出应有的贡献。本书在撰写过程中得到了诸多专家同仁与朋友的帮助，在此一并表示衷心的感谢！

由于时间、水平和能力有限，书中难免有不妥之处，敬请专家和广大读者批评指正。

编　者

2018 年 12 月 28 日

目次

第一篇　水煤浆气化的起源

第二篇　水煤浆气化技术走进中国

第五篇　煤气化技术发展趋势

附录

第一篇　水煤浆气化的起源

丽丽是个喜欢化学的女生，尤其喜欢有机化学。同时，她还是个非常爱刨根问底儿的人。最近她在家总是听搞煤化工的妈妈说起我国自主研发的水煤浆气化技术如何如何了，还说很长中国人的志气；她很想让妈妈讲讲，但妈妈很忙，还说这件事儿不是一句两句就能说明白的，让她先好好学习，准备明年的高考。而丽丽的表哥欣新在北京化工大学上大四。于是，丽丽趁着过暑假，和表哥欣新开启了一段水煤浆气化的探秘之旅。

一、何谓煤气化？

中国是世界上最早使用煤做燃料的国家，远在3000多年前，我们的祖先就懂得利用煤炭来取暖、烧水、煮饭了，但这只是煤炭的简单应用。直到18世纪末19世纪初第一次工业革命在英国爆发，发明了蒸汽机，人类迎来大机器生产时代后，煤才被广泛地用作工业生产的燃料和冶炼的原料。一百多年来，煤炭对人类社会的发展做出了巨大贡献，它常常被称为“工业的粮食”和“黑色的金子”。

对煤进行化学加工（即煤化工）也有较长的历史。除了很早进行煤干馏生产焦炭来冶炼外，以煤为原料还可以生产化肥。而要生产化肥，首先要把煤炭气化，生产出所需要的氢气，然后和空气中的氮气反应生成合成氨，这样才能生产出化肥。而将煤进行气化的技术就是煤气化技术。煤气化技术已成为当前煤化工技术体系中最重要的龙头技术。

（一）煤是如何产生有用气体的？

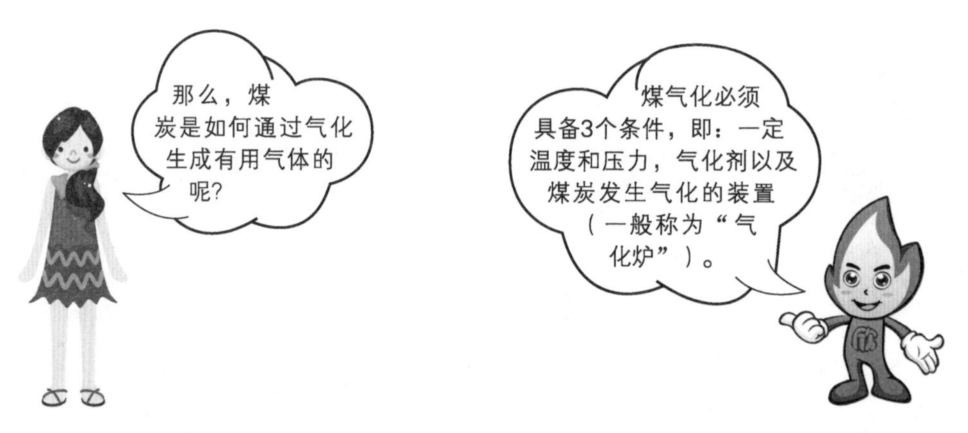

在一定温度、压力条件下，煤与气化剂（空气、氧气、水蒸气等）发生多种复杂的化学反应，最后将固体煤炭转变为有用合成气（主要生成一氧化碳、氢气、二氧化碳等）的过程，就是煤气化的过程。

从化学反应的角度看，煤的气化属于不完全氧化反应，气化剂主要是空气或氧气。

大家都知道煤的燃烧。煤的燃烧是一种完全氧化反应，即在一定温度下，空气中的氧气和煤中的碳、氢发生放热反应，生成二氧化碳（CO_2）和水（H_2O）。过去，人们用煤生火取暖做饭就是这个过程。工业上，有时为了获得更多的化学能，就在燃烧过程中减少了空气中氧气的用量。这样，煤将发生不完全氧化反应，燃烧不充分，释放的热量也会减少，煤中剩余的潜在的化学能就会转移到生成的气态产物中去，如氢气（H_2）、一氧化碳（CO）、甲烷（CH_4）等。

知识链接：化学能

化学能是一种很隐蔽的能量，它不能直接用来做功，只有在发生化学变化的时候才可以释放出来，变成热能或者其他形式的能量。例如，石油和煤的燃烧，炸药爆炸以及人摄入的食物在体内发生化学变化时所放出的能量都属于化学能。人类利用化学能转化为热能的原理来获取所需的热量进行生活、生产和科研，如化石燃料的燃烧、炸药开山、发射火箭等。

人们习惯上，将煤气化过程中煤里的碳与气化剂之间的反应称为一次反应，反应产物与碳或者其他产物之间的反应称为二次反应。

气化炉是煤炭发生气化反应的主要装置。如何描述气化炉内煤里的碳与气化剂以及反应产物之间的反应呢？可以这样简单地解释：煤里的碳有部分与气化剂里的氧发生完全氧化反应，生成了二氧化碳，也有部分碳与氧发生了不完全氧化反应，生成了一氧化碳、氢气，这些都是一次反应；煤里还有部分碳和反应产物中的水蒸气发生反应，又生成一氧化碳和氢气，生成的一氧化碳又会和水蒸气发生反应生成氢气和二氧化碳；并且还有部分碳在高温下和反应物中的氢气发生反应生成甲烷等碳氢化合物；同时，反应产物中的氢气还会和气化剂中的氧发生反应生成水蒸气，这些反应均为二次反应。因此，这一阶段的主要产物有：二氧化碳（CO_2）、一氧化碳（CO）、氢气（H_2）、甲烷（CH_4）和水蒸气（H_2O）等。煤气化原理如图 1－1 所示。

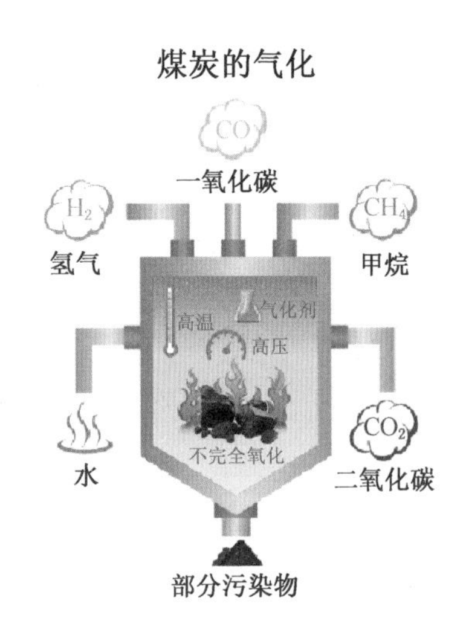

图 1－1　煤炭气化原理示意图

因为煤里有少量的杂质硫（S）和氮（N）存在，气化过程中还可能生成硫、硫化物及氮化物，它们会腐蚀设备和污染环境。氮化物中的氮氧化物与硫化物还能形成酸雨，因此，煤气化过程中的脱硫脱硝也成了煤化工企业的重点研究课题。

总体来看，粗煤气中的气体产物是一氧化碳（CO）、氢气（H_2）和甲烷（CH_4），伴生气体是二氧化碳（CO_2）、水蒸气（H_2O）等。此外，还有硫化物、烃类产物和其他微量成分。煤气化的过程可由以下化学反应式来表示：

$$\text{煤炭} \xrightarrow{\text{高温、高压、气化剂}} C + CH_4 + CO + CO_2 + H_2 + H_2O + \text{部分污染物}$$

值得注意的是，煤的气化过程是一个热化学过程，影响其化学反应的因素有很多，气化过程中产生的混合气体的组成也不是一成不变的，它会随着气化时所用的煤种、气化剂、气化过程的温度、压力以及气化炉的炉型等其他工艺条件的变化而变化。同时，不同的气化工艺对原料性质的要求也有所不同。因此在选择煤气化工艺时，煤种的影响极为重要。

（二）煤气化技术发展简史

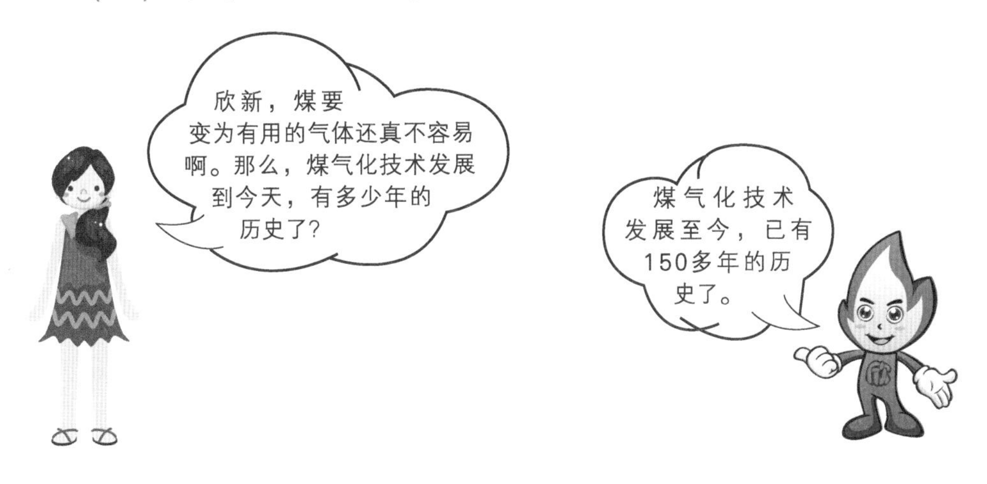

18 世纪末到 19 世纪初，英国已开始用煤生产民用煤气。欧洲当时进行煤干馏（也称为“煤焦化”），靠生产的干馏煤气（焦炉煤气）用于城市街道照明。后来美国、德国、比利时也紧紧跟上。

1857 年，德国的西蒙（Siemen）兄弟最早研究用煤块生产煤气的炉子，后来这项工艺经过许多开发商的开发，1883 年出现了第一台工业化的常压固定床煤气发生炉，每天能气化 200 吨煤，用于生产合成氨。这就是煤气化技术的鼻祖。

19 世纪后期又出现了直立干馏炉和生产水煤气的煤气化工艺。第二次世界大战爆发后，德国的煤气化产业得到迅速发展，1932 年采用煤气化得到的一氧化碳和氢气通过费－托合成法生产液体燃料获得成功。

知识链接：煤干馏和费－托合成

煤干馏： 煤干馏是煤化工的重要过程之一。煤干馏是指煤在隔绝空气条件下加热、分解，生成焦炭（或半焦）、煤焦油、粗苯、煤气等产物的过程，煤的干馏属于化学变化。生成的焦炭是冶炼铁矿石的还原剂，煤气热值较高可作为民用煤气，对煤焦油进行深加工，可以获得上百种化工产品。同时，按加热终温的不同，煤干馏可分为3种：900～1100 ℃为煤的高温干馏，即焦化；700～900 ℃为煤的中温干馏；500～600 ℃为煤的低温干馏。

费－托合成： 费－托合成（Fischer－Tropsch process）是以煤气化后的合成气（一氧化碳和氢气的混合气体）为原料在催化剂和适当条件下合成以液态的烃或碳氢化合物的工艺过程。1925年，该技术由德国化学家弗朗兹·费歇尔和汉斯·托罗普施开发成功。

早期的煤气化是在常压下进行的，操作温度不高，使用的煤块粒度较大，由此造成了能耗高、规模小、粉煤资源不能有效利用、环境污染严重等问题。20世纪50年代已经有煤气化炉的操作温度在灰熔点以上了（高于1000 ℃），这时气化后的煤灰可被熔化并以液态方式排出，这使得煤气化过程中的碳转化率大大提高。特别是1952年联邦德国克虏伯－柯柏斯公司开发的常压煤粉气流床气化炉，即克虏伯－柯柏斯气化炉（Koppers－Totzek气化炉，简称K－T炉）的出现，气化炉的投料量和煤气质量都有了飞跃式的进步。曾经，国外煤基合成氨生产中，90%以上煤气化工艺采用K－T炉，该气化炉是一种高温气流床熔融排渣煤气化设备，采用气－气固相并流接触，煤和气化剂在炉内停留时间短，为常压操作，温度大于1300 ℃，被称为第一代干煤粉气化技术的核心。当时K－T炉的结构如图1－2所示。20世纪70年代，该公司与Shell公司合作开发了气化效率更高的加压K－T炉。

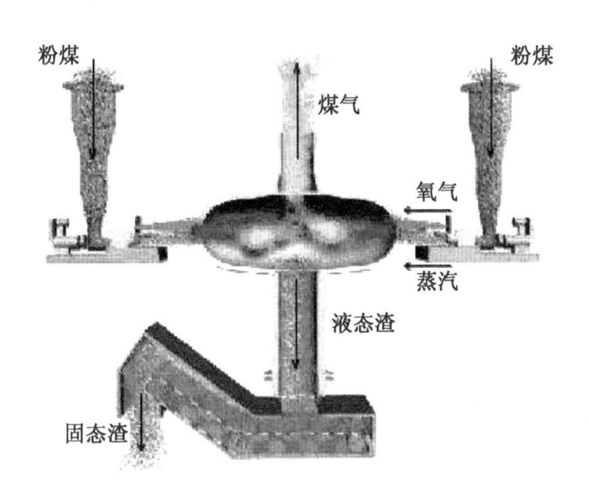

图 1－2　常压 K－T 气化炉结构示意图

而在 20 世纪 50 年代后，由于石油的产销量不断增长，使其应用成本大大下降，许多发达国家的能源消费转向石油或天然气，煤气化技术的发展基本陷入停顿状态。

但是当 20 世纪 70 年代发生石油危机后，很多国家意识到完全依赖石油的不稳定性，而且石油资源远远不及煤炭丰富。为此，国外对煤气化技术给予高度重视：如美国先后提出“洁净煤技术示范计划（CCTP）”和“21 世纪展望（Vision 21）”等。在这些项目的带动下，一批大型先进的煤气化技术工艺完成示范。

受石油危机影响，20 世纪 70 年代的煤气化得到继续发展。气化效率、气化炉处理煤量和环保性能都取得长足进步，新的设计和大的改进层出不穷，煤气化产业进入新的历史发展阶段。其中，最有代表性的设计和改进就是可在高压下进行煤气化的流化床气化和气流床煤气化技术及其装备。典型工艺有：德士古（Texaco）水煤浆气化、壳牌（Shell）干煤粉气化和 GSP 加压气流床气化等。

今天，煤气化技术尽管已发展了 150 多年，但是大型煤气化技术仍然是能源化工领域的高新技术。21 世纪，新型的煤化工产业迎来蓬勃发展的新时期。作为新型煤化工的龙头核心技术——大型煤气化技术如何进一步完善提高，将成为该领域研发的主攻方向。

（三）煤变成气能做什么？

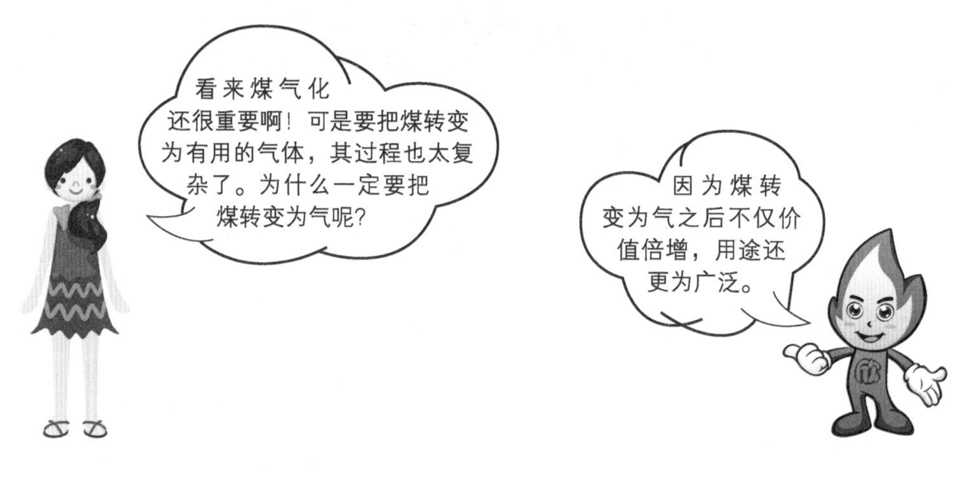

首先，煤气可作为工业燃气。煤气化后，一定热值的煤气可应用于钢铁、机械、建材、轻化工等行业，用于加热各种炉窑，或直接加热产品或半成品。用作工业燃料气的煤气，一般为低热值煤气，煤气的有效成分为一氧化碳和氢气。

其次，煤气可作为城市民用煤气。城市燃气要求一氧化碳含量小于 10%，除炼焦产生的焦炉煤气可作为城市煤气外，直接对煤进行气化也可以得到城市煤气。与直接燃煤相比，民用煤气不仅可以明显提高煤炭利用效率和减轻环境污染，而且可以极大地方便人民生活，具有很好的社会效益和环保效果。出于安全、环保及经济等因素的考虑，一般要求民用煤气中的氢气、甲烷及其他烃类可燃气体含量尽可能的高，以提高煤气的热值；而一氧化碳有毒，其含量就应该尽量低。

第三，煤气可以作为冶金还原气。因为用于冶金的优质炼焦煤占煤炭资源储量的比例很小，同时，传统炼焦产业的污染比较严重，所

以为缓解优质炼焦煤的不足，满足日趋严格的环保排放标准，开始发展天然气代替焦炭的直接还原炼铁法（天然气中起还原作用的主要是甲烷和少量的氢）。而煤气化后的煤气中的一氧化碳和氢气也具有很强的还原作用，因此工业上可以用煤气替代天然气来进行冶炼。

第四，煤气可以作为工业原料气。煤气的一个重要用途就是作为化工合成的原料气。早在第二次世界大战期间，德国等就采用费－托工艺将煤气化成合成气用来合成燃料油。后来，随着合成气化工和碳一化学技术的进一步发展，煤炭气化制取合成气后，利用合成气合成各种化学原料。主要包括：合成氨、合成甲烷（人造天然气）、合成甲醇、醋酐、二甲醚、乙二醇、芳烃，等等。为达到化工合成对原料气的要求，合成气中的无用组分以及对合成催化剂有毒性的组分均须事先脱除，同时调整有效成分的比例，使其符合工业生产所需。

碳一化学

碳一化学，又称为一碳化学，研究对象是分子中含有一个碳原子的化合物，如一氧化碳、二氧化碳、甲烷、甲醇等。而碳一化工是指天然气（甲烷）化工、甲醇化工等工艺过程。

第五，煤气可用来联合循环发电。整体煤炭气化联合循环发电（简称 IGCC）是指高温状态的煤在高压下气化产出洁净的煤气，煤气送入燃气轮机燃烧，产生的蒸汽又去驱动蒸汽轮机做功的一种联合循环发电工艺。该工艺可大大提高发电热效率，既能取得显著的经济效益，又可消除对大气的污染。尤其是采用高硫煤燃烧时，与烟气脱硫相比，煤气脱硫的成本可大大降低。

第六，煤气可用来制备氢气。煤炭气化制备氢气广泛用于电子、

冶金、玻璃生产、化工合成、航空航天、煤炭直接液化及氢能电池等领域。目前世界上96%的氢气来源于化石燃料的转化，其中，煤气化制氢发挥着重要的作用。煤制氢的过程可这样描述：将煤炭先气化，产生富含一氧化碳和氢气的合成气，然后通过变换反应将一氧化碳转换成氢气和水，再通过相关技术将氢气分离出来。

煤气化后的具体用途展示如图1－3所示。

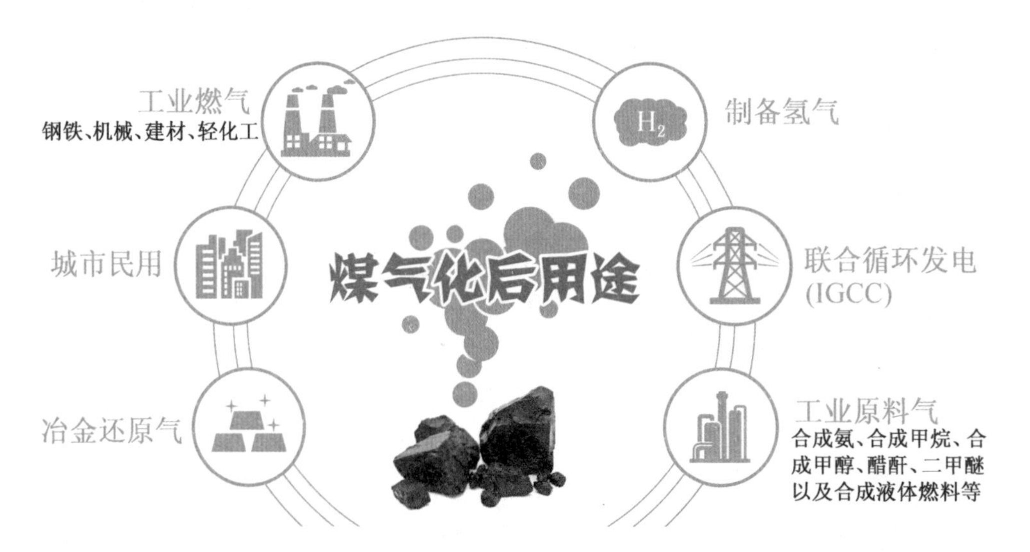

图1－3　煤气化后的用途

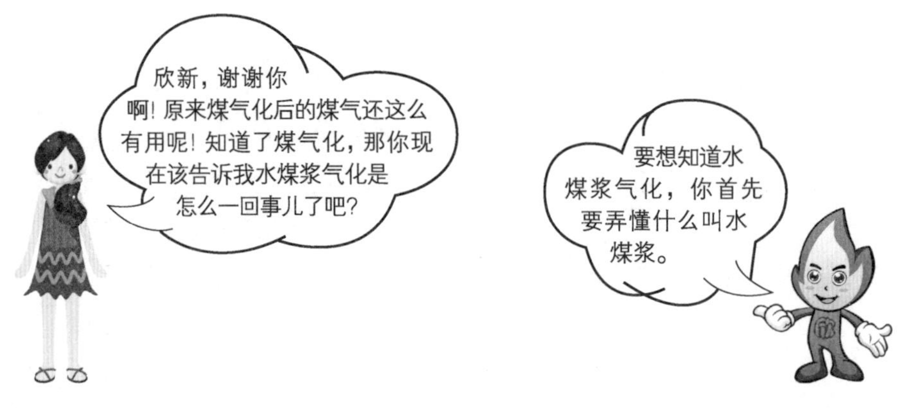

二、何谓水煤浆？

（一）水煤浆的概念及其制备

煤浆的概念最早是在1879年芒赛尔（Munsell）和斯密斯（Smith）的专利中提到的。当时所说的煤浆就像现在制作豆浆那样，仅仅是把煤粉同其他流体混合调制而成的流体。

把煤炭磨碎与水混合就是水煤浆吗？煤泥水是不是也可以叫作水煤浆呢？这样来说当然很不严谨。科学来讲，水煤浆是将煤研磨成一定粒度（平均粒度在50微米左右），与水按一定质量比例混合，再添加少量的添加剂，经过多道严密工序制成的稳定的并具备很好流动性的黑色流体。

水煤浆和一般的煤泥水不同，它含煤量较高，因此可作为代油的流体燃料和化工原料。水煤浆不仅要求含煤浓度高，还要求具备较好的流动性和稳定性，以便于储存和运输。由于影响煤炭成浆性的因素较多，水煤浆的制备过程也较为复杂，涉及煤炭洗选加工、流体力学、胶体化学和表面化学以及无机化学等多种学科的交叉。

研究表明，单用细煤粉和水简单混合是无法制备水煤浆的。标准的水煤浆是在制浆厂把洗选过的精煤研磨到一定粒度与水按比例混合，并加入适量的添加剂后制成的具备一定流动性、稳定性的流体。如图1－4所示。

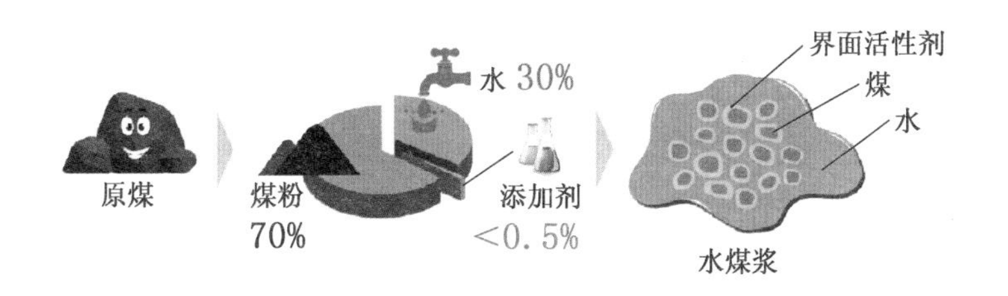

图1－4　水煤浆的成浆原理示意图

（二）水煤浆的分类

不同的水煤浆有不同的用途，有用于代替重油作锅炉燃料的，还有的水煤浆可以作为化工原料。那么水煤浆到底分几种呢？或主要有哪些产品呢？工业上，常根据水煤浆浓度及特性将水煤浆进行分类。这里要注意，由于煤炭中含有少量的全水，水煤浆中的水指的是原煤的水分和制浆过程中加入的水量的总和，所以水煤浆浓度其实是干煤粉的质量与水总质量的比值。

知识链接：煤的全水分

煤中水分可分为游离水和化合水。煤中游离水是指与煤成物理态结合的水，它吸附在煤的外表面和内部孔隙中。吸附在煤粒外表面和较大孔隙中的水分称为外在水分，吸附在煤粒较小孔隙中的水分称为内在水分。煤的外在水分和内在水分之和称为煤的全水分，即游离水。煤的化合水包括结晶水和热解水。

- 高浓度水煤浆

如果水煤浆浓度在60%以上，则称为高浓度水煤浆。高浓度水煤浆要求煤粉颗粒各粒径的含量均有一定的分布。配制时应尽可能使大粒径的空隙被小颗粒所填充，以减少空隙所含水量，从而提高制浆浓度。高浓度水煤浆具有很强的稳定性，在一个月内不会产生硬沉淀，主要应用在冶金、化工行业，并可作为代油发电的燃料。

- 中浓度水煤浆

水煤浆的浓度在50%左右时，一般称为中浓度水煤浆。中浓度水煤浆中煤的平均粒径小于0.3毫米，且有一定级配细度的煤粉和水混合。中浓度水煤浆具有较好的流动性和一定的稳定性，可以远距离

泵送,但不适合用户直接使用,到用户所在地后脱水浓缩后才可使用。

● 精细水煤浆

精细水煤浆其实是中浓度水煤浆的一种，是精煤经过超细研磨（平均粒度小于10微米）之后制成的水煤浆，浓度在50%～55%之间。精细水煤浆最大的特点是灰分特别低，一般在1%～2%之间，同时其稳定性好，燃烧速率快，但制备成本较高。精细水煤浆常作为重柴油的一种替代燃料，用于低速柴油机、燃气输送及城市取暖锅炉。

除了以上3种主要的水煤浆产品以外，还有诸如超纯水煤浆、原煤水煤浆、脱硫型水煤浆、经济型水煤浆、环保型水煤浆等。根据不同用途研发的每一种水煤浆产品都具备各自的专业特性。

水煤浆是煤炭清洁高效利用中成本最低，最实用的成果之一。尤其是近几年来，采用废物资源化制备水煤浆的技术路线后，可以在不增加费用的前提下，大大提高水煤浆的环保效益。目前，我国水煤浆制备技术已经成熟，配套工艺也比较完善，已达到规模化、工业化应用的水平。

（三）水煤浆的优势

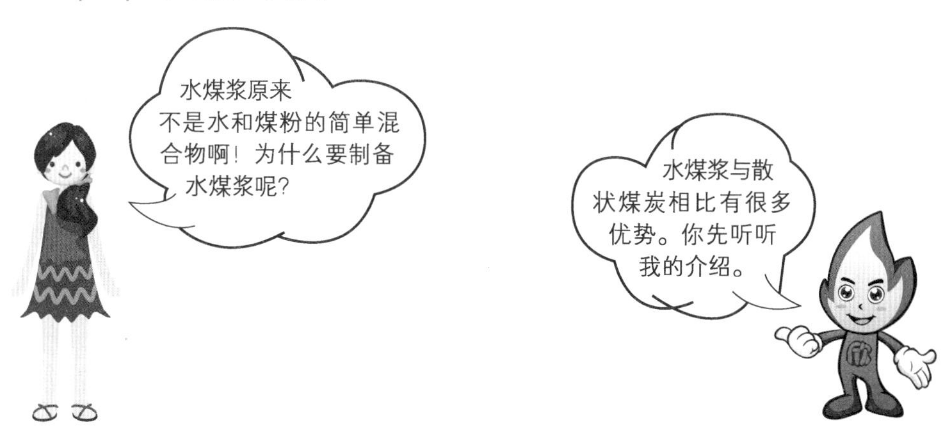

首先，水煤浆在运输上与散煤相比，具备明显的优势。长期以来，煤炭运输主要依赖于铁路、公路等运输方式，由于轨道或者路基造成的颠簸，加之来自列车交会和途经长隧道产生的风压，散煤运输

都会造成煤尘飞扬。煤尘沿途散落不仅造成环境污染还造成煤炭资源的损失和浪费。据统计，我国目前在铁路、公路等运输过程中，煤炭损耗率为0.8% ~1.0%；另外，运输沿途的煤尘在造成大气污染的同时，还对运煤道路周边的农田、农作物的生产造成破坏，导致粮食减产。而水煤浆具有良好的流动性，可以像石油一样通过管道泵送运输、装卸，并可用封闭的罐储存和运输，避免了以上弊端。再者，水煤浆约含有30%的水分，在常温全封闭状态下输送不会有爆炸或者自燃的危险，减少了消防要求，也增加了安全保障。如图1-5所示。

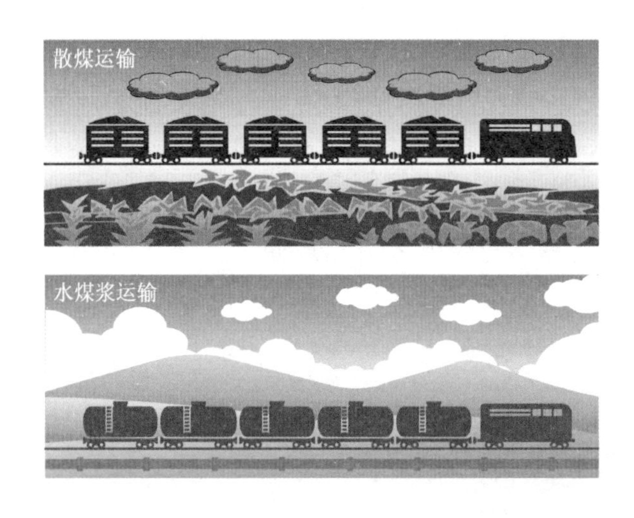

图1-5　水煤浆在运输上的优势

第二，水煤浆在燃烧上具有很多优势。因为水煤浆不但保留着研磨前煤炭原有的物理特性，与原煤相比其灰分及含硫量都明显下降，燃烧时火焰中心温度低，燃烧效率高，烟尘、SO_2 及 NO_X 排放量均低于燃油和燃煤。同时，水煤浆还可以像重油一样用压缩空气或压力蒸汽进行雾化后燃烧，易着火，燃烧稳定，启动时间比煤粉炉短，负荷变动适应性强（可在40%负荷稳定运行）。水煤浆的燃烧效率一般为97% ~99%，比大部分链条式燃煤锅炉的燃烧效率要高得多。并

且燃用水煤浆，炉后除尘除渣设备以及灰场容量与燃煤机组相比要小很多，灰容量仅为燃煤机组的1/4，灰场扬尘对大气造成的二次污染也比较小。另外，由于燃用水煤浆机组的燃料系统类似于燃油机组，运行管理、维护检修简单，低灰水煤浆对受热面的磨损也大大低于燃煤机组，减少了检修工作量，相应的人力及资金投入也大大降低，如图1－6所示。

图1－6　水煤浆在燃烧上的优势

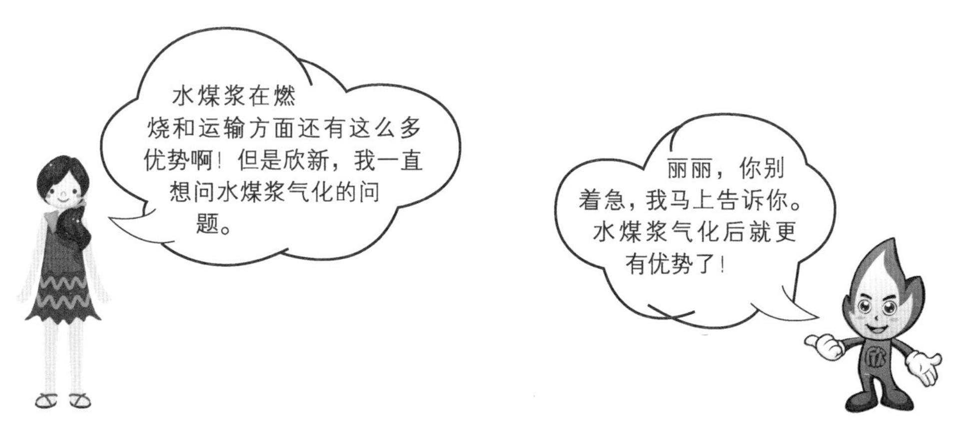

三、水煤浆气化的由来及其发展

（一）水煤浆是如何进行气化的？

水煤浆气化是水煤浆作为化工原料的重要途径。水煤浆气化不同于块煤气化，一般为气流床气化。水煤浆在气流床气化炉中气化时，水煤浆以流体的形式与气化剂一起通过气化炉喷嘴，在高速喷出时与气化剂一起作为料浆并流进行混合气化雾化，气化过程为充分的火焰型非催化部分氧化反应。具体过程是这样的：水煤浆和气化剂（如氧气）喷入气化炉后，瞬间经历水煤浆升温及水分的蒸发、煤热解、残炭气化和气体间的化学反应等，最终生成以一氧化碳（CO）、氢气（H_2）为主要组成成分的合成气，俗称粗煤气。水煤浆气化原理如图1－7所示。

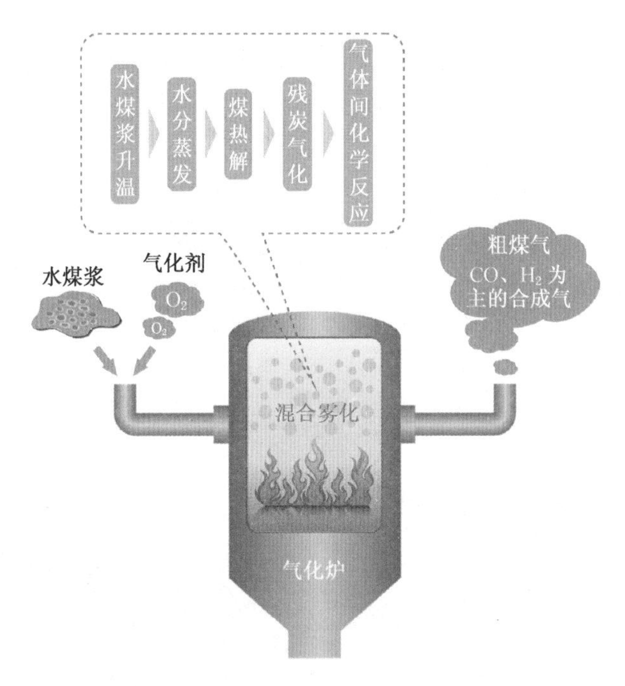

图1－7　水煤浆气化原理示意图

知识链接：气流床气化

气流床气化是一种煤气化方法。采用粉煤或水煤浆为原料，同气化剂一起喷入气化炉内，高温反应后，灰分呈熔融状排出。气流床气化法具有气化强度大、炭转化率高、煤种适应性广等优点。

水煤浆气化的主要技术特点如图 1－8 所示。

水煤浆气化主要技术特点

1 煤种适应性强

从褐煤到无烟煤的大部分煤种都可采用水煤浆气化，同时还可用半焦、沥青等原料

2 工艺技术成熟

气化炉结构相对简单，控制容易且安全系数高，操作弹性大，气化过程碳转化率比较高，一般可达到 95%～99%，负荷调整范围也较为宽泛，有利于工业化生产

3 污染少环保性能好

在高温、高压条件下，水煤浆气化产生的废水所含有害物质极少，少量废水经过简单生化处理后就可直接排放；排出的粗、细渣既可作水泥掺料或建筑材料的原料，也可以深埋于地表下，对环境没有其他污染

图 1－8　水煤浆气化的主要技术特点

半焦、操作弹性和碳转化率

半焦：又名低温焦。半焦是泥炭、褐煤和高挥发分的烟煤经低温（500～600 ℃）干馏时的固体产物。呈灰黑色，挥发分（为7%～12%）比焦炭（约为3%）含量高，质地松脆多孔，反应性能好，容易燃烧，无烟。用以制造发生炉煤气和水煤气，也可用作民用燃料。

操作弹性：是在设计中考虑工况的最大和最小生产能力的范围，装置的加工能力（处理量）一般为70%～110%。

碳转化率：是指单位质量煤生成煤气中的碳占单位质量煤中碳的百分率。

知识链接：生化处理

生化处理是指让废水或固体废物与微生物混合接触，利用微生物体内的生物化学作用分解废水中的有机物和某些无机毒物（如氰化物、硫化物等），使不稳定的有机物和无机毒物转化为无毒物质的处理过程。

当然，水煤浆气化技术也有一些缺点。热壁水煤浆流化床气化炉的炉内耐火砖由于水煤浆的强力冲刷，侵蚀较为严重，寿命较短，一定时间后需要更换；水煤浆气化炉内喷嘴的使用周期也较短，并且由于水煤浆的雾化性能及气化反应过程对炉砖的损害，导致气化炉的经济负荷不高。同时，因为水煤浆中的水会使冷煤气效率和煤气中的有效气体成分（$CO+H_2$）偏低，导致氧耗、煤耗相对于干煤粉气化要高一些。

知识链接：冷煤气效率

冷煤气效率是气化生成煤气的化学能与气化用煤的化学能之比。显然，提高气化炉的冷煤气效率意味着把煤中所蕴藏的化学能更多地转化为煤气的化学能。

但总体来说，水煤浆气化技术在运行压力高、周期长及易操作等方面均具有其明显优势，当前仍被认为是应该广泛采用的先进的煤气化技术之一。

（二）水煤浆气化技术工艺的诞生

鉴于在干煤粉气化过程中加压连续输送干粉煤的难度较大，1948年美国德士古发展公司受重油气化的启发，首先创建了水煤浆气化工艺，并在加利福尼亚州洛杉矶近郊的蒙特拜罗建设了世界上第一套水煤浆气化中试装置（投煤量每天仅有15吨）。从此世界上诞生了水煤浆气化技术！水煤浆气化技术的诞生成为煤气化发展史上一个重大的历史性事件。1958年，该公司在美国西弗吉尼亚摩根城建立起日处理100吨煤的原型炉，它以东部煤为原料，操作压力2.8兆帕，气化剂为空气，水煤浆气化后的合成气供合成氨使用。

德士古气化工艺被人们称为是第二代煤气化工艺中最有发展前途的一种工艺。由于在20世纪五六十年代石油价格较低，水煤浆气化无法发挥成本优势，再加上工程技术上还存在一些问题，水煤浆气化技术的发展停顿了十多年。直到20世纪70年代初期发生第一次世界性的石油危机，水煤浆气化才出现了新的转机。那时的一些发达国家，如美国、联邦德国、英国等又开始重新开发所谓的第二代煤气化技术。

1973年德士古公司与联邦德国的鲁尔公司开始合作。1978年，双方合作建成了鼎鼎有名的工业试验装置——RCH/RAG装置，该装置是将德士古公司中试成果推向工业化的关键性一步。通过这个工业试验获得了水煤浆气化全套工程放大技术，并为以后各套工业装置的建设奠定了良好的基础。

RCH/RAG 示范装置着重研究开发的几项水煤浆工业化技术如图 1－9 所示。

RCH/RAG 示范装置着重研究开发的水煤浆工业化技术

1 开发了制备水煤浆用的球磨、棒磨、齿圈磨等多种煤粉研磨设备，这些设备一次湿磨就能达到煤粒细度和煤浆浓度的要求

2 对原有水煤浆气化炉的喷嘴结构进行了开发放大，提高了喷嘴雾化性能，使碳转化率由 95% 提高到 99%

3 对水煤浆气化炉耐火材料性能及侵蚀机理进行了研究，开发出了适合德士古水煤浆气化用的含镁高铬耐火砖，其寿命可长达 1 年

4 对水煤浆气化过程的余热回收方案进行研究，根据工艺需要，采用辐射 / 对流废锅流程或辐射废锅加激冷工艺，同时可解决对辐射废锅受热面腐蚀及对流废锅的堵塞和磨损等工程问题

5 对水煤浆气化后渣水高压排出系统、密封系统以及气化渣的输送方式都进行了研究开发

6 建立了水煤浆气化数学模型，并进行了相关其他工程研究

图 1－9　RCH/RAG 示范装置着重研究开发的几项水煤浆工业化技术

知识链接：余热回收、辐射废锅、对流废锅

余热回收：是指将工业过程产生的余热再次回收重新利用。主要技术包括热交换技术、热功转换技术、余热制冷制热技术，担当该过程的工艺设备就叫废热锅炉，简称为“废锅”。

辐射废锅：是安装有辐射式冷却器方式的废热锅炉，通过本设备回收合成气或其他气体的反应热，并实现对合成气降温的目的，其热物质和锅炉水通过热辐射的形式进行换热，达到提高系统能效的目的。

对流废锅：是安装有对流式冷却器的废热锅炉。与辐射废锅的目的一样，只是冷热物流的换热方式为对流式。

因此可以说，德士古公司的水煤浆加压气化技术是最早工业化、在世界范围内应用最为广泛的水煤浆气化技术工艺。

1979 年道尔化学公司在美国路易斯安那州创立了一套用空气作为气化剂的水煤浆气化示范装置，该装置为电厂的发电机提供燃料气。该水煤浆气化炉的操作压力为 3.2 兆帕，投煤量达 360 吨/天，发电机的发电量达 15 兆帕。

1980 年美国阿拉伯马（Alphabet）公司在田纳西河谷管理局（Tennessee Valley Authority）投产了一套操作压力为 3.6 兆帕、投煤量为 170 吨/天的水煤浆气化示范装置，产出的煤气输送到合成氨工厂。

这些工业化装置在运营中都取得了较好成绩，为水煤浆气化进一步大型化、工业化提供了重要基础。

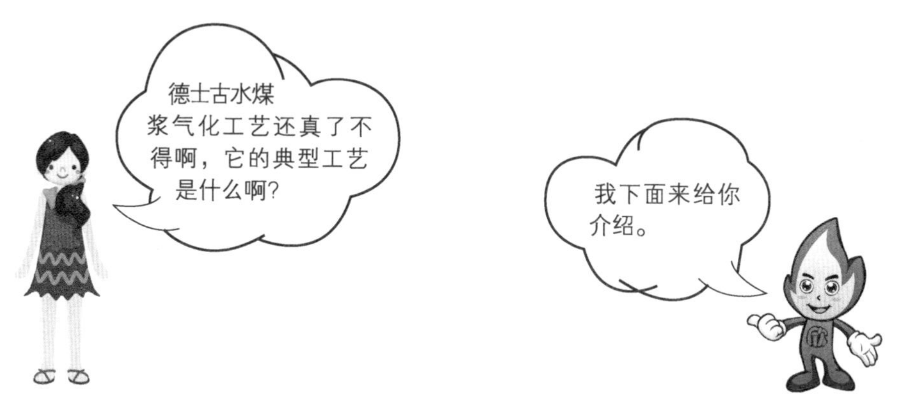

（三）典型的德士古水煤浆气化工艺

德士古水煤浆加压气化的典型工艺过程是用高压煤浆泵将水煤浆送入喷嘴，同时将来自空分的高压氧也送入喷嘴，氧走喷嘴的外环隙和中心管，煤浆走内环隙，二者一起由喷嘴喷入气化炉，充分混合雾化，在 1350 ~ 1400 ℃温度下发生气化反应，生成的高温合成气和熔融渣一起进入激冷室。高温合成气和熔融渣与激冷水直接接触激冷。激冷的目的是将高温气体直接冷却到该压力下的饱和蒸汽温度，将熔融渣冷却后沉积，实现气渣分离。分离出的渣经破渣机，通过锁斗定期排入灰渣池，由捞渣机捞出装车外运。在激冷水中激冷后的合成气沿下降管和上升管的环隙空间均匀鼓泡上升，出激冷室后，经文丘里洗涤器和洗涤塔进一步降温除尘，再送往 CO 变换。流程如图 1－10 所示。

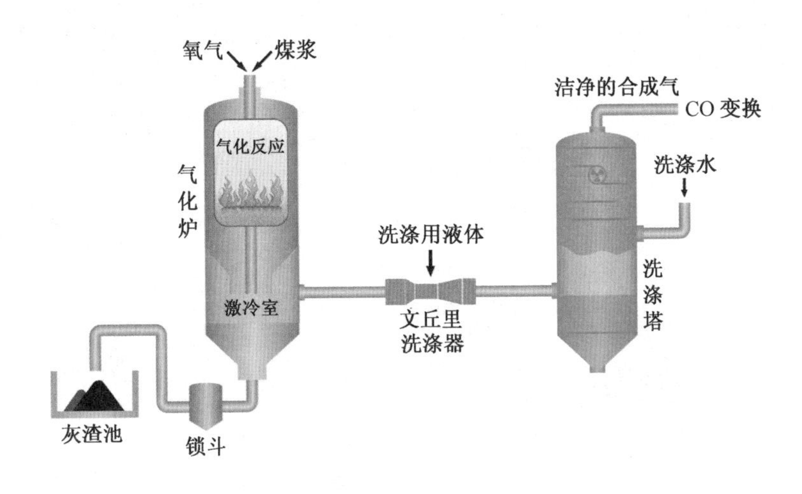

图 1－10　德士古水煤浆气化典型工艺流程示意图

水煤浆气化后得到的粗煤气，其主要成分是一氧化碳（CO）和氢气（H_2），还含有一定数量的二氧化碳（CO_2）、水蒸气（H_2O），此外还会有微量的氩气（Ar）、氮气（N_2）、甲烷（CH_4）、硫化氢（H_2S）和羰基硫（COS，S＝CO），该煤气不含任何重质碳氢化合物、焦油和其他有害副产品。

煤中所含的灰分在气化过程中首先熔融成为液体状态，当它被激冷水喷淋时，或从位于气化炉下部的辐射冷却器流入炉底的水槽中去时，将凝聚成为玻璃状的颗粒，通过锁气式排渣斗排出炉体。由于它是惰性的，故可以作为建筑材料。为了使煤中的灰分能在德士古炉内也以熔融状态的排渣方式排出，则不宜采用灰熔点高的煤种，否则必须添加降低灰熔点的助剂。一般来说，适用于德士古气化炉的煤种的

灰熔点应控制在1149～1482℃范围内。

至今在德士古中试装置及示范装置上已试烧了多种煤，包括无烟煤、烟煤、褐煤、石油焦等，而烟煤包括肥煤、气煤和次烟煤等，煤种遍及北美、欧洲、澳大利亚、中国及南非等多国。总的来讲，这种气化方法对煤种要求较低。

知识链接：空分、文丘里洗涤器、洗涤塔和冷凝液

空分：是用于进行空气分离的装置。同时，空分又是煤气化过程中的一个重要工序，是指应用低温冷冻原理从空气中分离所需气体组分（氧、氮和氩、氦等稀有气体）的过程。

文丘里洗涤器：是一种湿式除尘器，由收缩管、喉管和扩散管三部分组成。具有体积小、构造简单、除尘效率高等优点。含尘气体进入收缩管，气速逐渐增加。气流的压力逐渐变成动能，进入喉管时，流速达到最大值。水通过喉管周边均匀分布的若干小孔进入，然后在高速气流冲击下被高度雾化。喉管处的高速低压使气流达到饱和状态。同一尘粒表面附着的气膜被冲破,使尘粒被水润湿。因此，在尘粒与水滴或尘粒之间发生激烈的碰撞和凝聚。进入扩散管后,气流速度降低,静压回升,以尘粒为凝结核的凝聚作用加快。凝结有水分的颗粒继续凝聚碰撞,小颗粒凝结成大颗粒,并很容易被脱水器捕集分离,使气体得以净化。其基本结构如图1－11所示。

洗涤塔：洗涤塔是一种气体净化处理设备。由于其工作原理是水从塔顶经喷淋而下，煤气从塔的底部进入，水和煤气逆流接触，可对煤气进行洗涤，煤气中含有的煤尘颗粒和易溶于水相的物质将脱除掉，故名洗涤塔。

冷凝液：粗煤气因温度高（约200℃），携带大量的饱和蒸汽，在进入后系统前，需降低煤气温度，饱和蒸汽将冷凝成液态水，将这部分水称之为冷凝液。

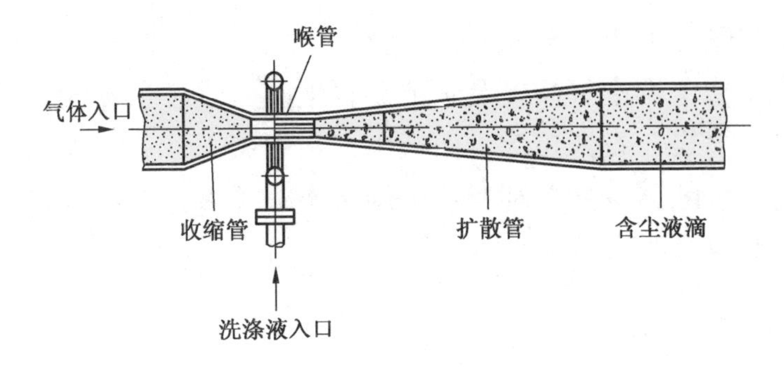

图 1－11　文丘里洗涤器基本结构

第二篇　水煤浆气化技术走进中国

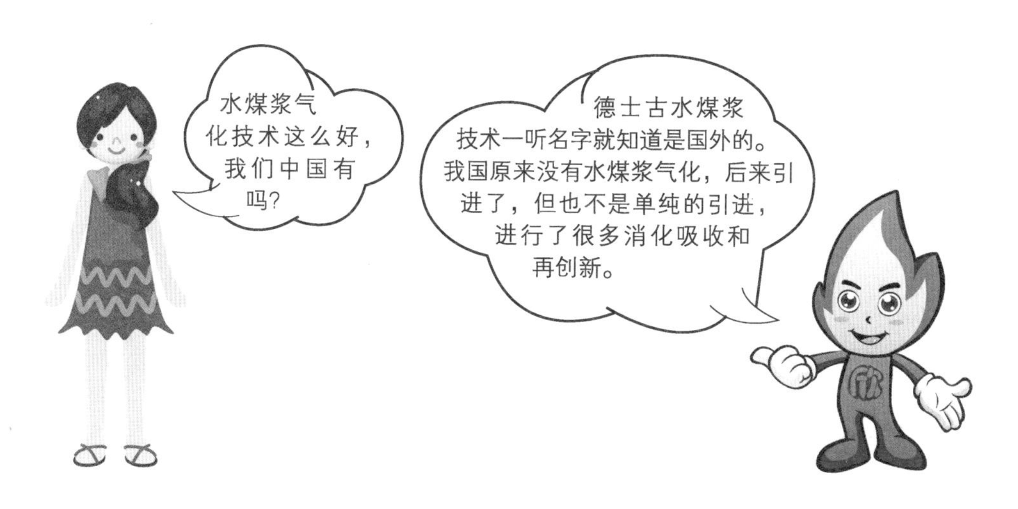

一、他山之石，可以攻玉

在众多煤气化技术中，固定床煤气化是最早出现的。但当流化床、气流床煤气化技术出现后，传统的固定床煤气化技术在碳转化率、气化效率、节能环保等方面就不具备优势了。

（一）传统固定床煤气化的劣势和水煤浆气化的优势

20 世纪 80 年代末，间歇式常压固定床水煤气炉（UGI 炉）是我国化肥行业和煤气行业普遍应用的一种煤气化工艺，一般用于生产 10.320 兆焦/标米^3 左右的中热值煤气。由于这种煤气化工艺投资低廉、技术成熟、上马容易、操作灵活、机动性强，在化肥企业和煤气企业被广泛选用。当时全国化肥工业有数千台固定床煤气化炉在运行。如图 2－1 所示。

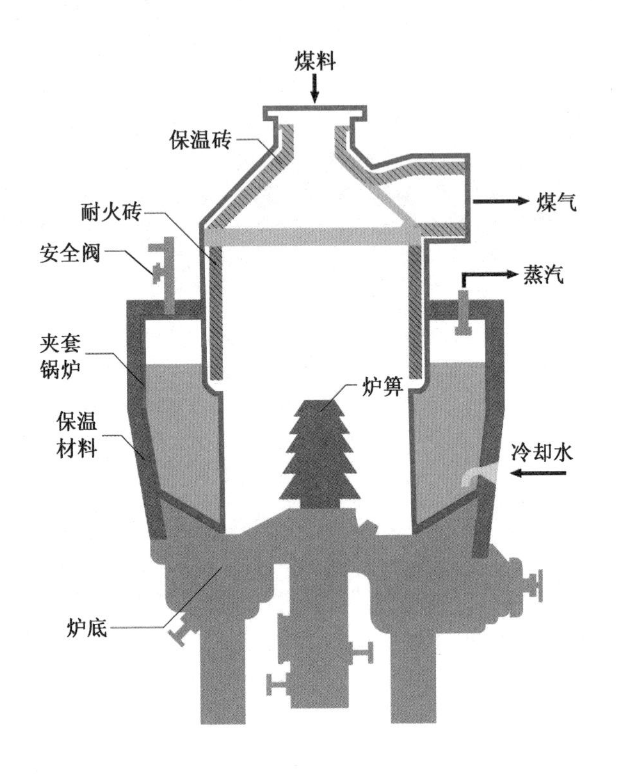

图 2-1　常压固定床（UGI 炉）

随着常压固定床水煤气炉的广泛应用，它的主要缺陷也暴露出来。由于这种煤气化工艺中的碳与蒸汽的吸热反应所需要的热量是由空气燃烧一部分碳放出的热量所提供的，制气与鼓风燃烧交替进行，采取循环操作，依靠阀门的切换来实现。所以，必定导致这种工艺碳耗高、能耗高、热效率低。其次，鼓风气含有大量的可燃成分，一氧化碳含量占 5% ~10%，其热值为 1.2 ~2 兆焦/标米^3，直接排放进入大气，不仅造成热值浪费，还对环境造成严重污染。以一台直径 3 米的间歇式水煤气炉为例，日产水煤气 13 万米^3 左右，而鼓风排入大气中大量的一氧化碳每天达几吨之多，数量惊人、浪费惊人，还严重危害生态环境。另外，阀门启闭频繁，构件容易损坏，

维修工作量大。有一家中型化肥厂曾做过统计，全年造气车间的维修工作量占全厂维修工作量的60%以上。此外，这种工艺还需用优质的块状无烟煤，故成本较高。我国有800多家中小型化肥厂采用水煤气工艺，约4000台UGI炉，每年消耗无烟块煤（或焦炭）4000多万吨。鉴于间歇式UGI炉存在原料适应性差、规模小、环境污染严重等种种缺点，人们盼望着更新更好的煤气化技术及其装备。

而德士古水煤浆气化技术工艺具备较强优势。

一是可改变原料路线，经济效益突出。德士古水煤浆加压气化技术改变了以重油、轻油为原料生产合成氨的传统工艺路线，以水煤浆为原料可大幅降低了生产成本，可以扭转当时以重油、轻油为原料合成氨产业的亏损境况。20世纪70年代末，世界石油危机爆发，导致油价上涨，西方国家以轻油为原料的30万吨/天合成氨厂亏损达到8600万元/年，而采用水煤浆气化技术进行“油改煤”改造后，盈利达8700万元/年。如图2－2所示。

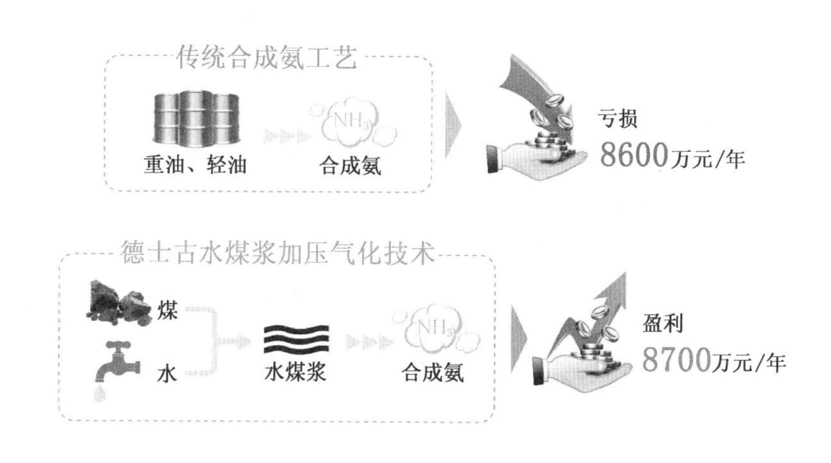

图2－2　20世纪70年代末油原料和水煤浆原料的成本比较

二是洁净高效、环境友好。UGI炉能耗高、污染排放高，而采用

德士古水煤浆气化制合成气的过程环保、节能，碳转化率高。

三是可为我国高硫低灰熔点煤种拓宽应用途径。我国有大量含硫高、灰熔点低的煤种，约占总储量的1/6，因其灰渣易于结块，且烟气中二氧化硫含量高，大型火力发电厂及工业窑炉均不适用，但却是水煤浆气化的最佳原料。

鉴于此，20 世纪六七十年代，我国在学习国外水煤浆气化的基础上开始进行自主水煤浆气化技术探索。

（二）中国水煤浆气化技术初试锋芒

20 世纪 40 年代美国开发了德士古水煤浆气化技术，五六十年代消息传到中国，激发了我国煤气化科研人员的极大热情。我国相关科研院所积极研发，进行了水煤浆气化小试和中试探索。其中陕西临潼化肥研究所（现西北化工研究院）为我国水煤浆气化技术工艺的基础研究做出了巨大贡献。

● 技术研发的破冰之旅

● 早期开发

早在 20 世纪 60 年代末期，上海化工研究院就着手在学习国外技术的基础上研发我国自己的水煤浆气化工艺。1969 年，我国首个气化压力 2.0 兆帕、投煤量 0.7 吨/时的水煤浆气化中试装置在浙江巨州化工厂（现巨化集团）合成氨分厂造气车间开始建设，由上海化工研究院技术负责。

当时用的水煤浆气化工艺的整体方案基本仿造早期的德士古气化工艺，所不同的是由一、二段两个反应器组成一个直立圆筒形气化炉。位于炉下部的两支 180°对排的喷嘴将反应物对喷入炉，液渣从一段反应器排出。二氧化碳和残炭在二段反应器继续反应，生成以一氧化碳和氢气为主要成分的粗煤气。

中试装置断断续续运转了两年，至 1971 年停运。20 世纪 70 年代初，化学工业部（以下简称化工部）决定把煤气化研究由上海化工研究院转移到陕西临潼化肥研究所。

● 陕西临潼化肥研究所水煤浆气化中试装置及其成果

1978年12月国家科学技术委员会主持召开全国第一次煤气化煤液化会议，决定在煤的气化、液化方面开展科技攻关，其中一项就是水煤浆气化技术的开发。陕西临潼化肥研究所接到任务后立即开展水煤浆气化小试试验，小试压力为2.0兆帕、投煤量20千克/时，水煤浆直接喷入炉内。小试期间对关键技术，如煤浆制备、喷嘴、测温、耐火材料等进行了探索研究，为开展中试进行了技术准备。小试于1984年结束。

背景

20世纪80年代，随着石油资源的日益紧缺和油价的持续攀升，我国煤基化工步入快速发展时期，并成为能源化工发展的热点。为此，当时化工部指示相关科研单位和企业对世界上先进的煤气化技术，如壳牌煤气化、德士古煤气化和GSP煤气化技术进行全面的调研。

经深入调研，发现这些技术都是花费几十年的时间，经过一系列的小试、中试、工业化示范装置等科学程序和持之以恒的努力，最后成功推向市场的。但要引进这些国外技术，费用非常高昂。引进一套处理量750吨/天的德士古煤气化装置，专利费、工艺设计软件包费及培训服务费约300万美元。引进一套处理量2000吨/天的壳牌煤气化装置，约需900万美元。引进GSP煤气化装置，以后续工艺所需气体量收取专利费，引进两台GSP气化装置的费用与引进单套壳牌气化装置的费用相当。因此，进行煤气化技术自主研发的任务非常迫切。

1985年陕西临潼化肥研究所继续承担国家“六五”科技攻关任务，建成一套水煤浆气化中试装置，进煤量为1~1.5吨/时。采用湿磨制浆、水煤浆直接入炉的技术方案，用辐射废锅和对流废锅来回收高温粗煤气显热，生产 4.0 兆帕的饱和蒸汽。由于投资费用有限，中试装置下游未建酸气脱除装置，反应气体直接送入锅炉燃烧。截至 1991 年，中试装置共评价试烧了 10 个煤种，涉及陕西、山东、黑龙江等地区的典型煤种。通过试烧，开展了许多相关课题的研究，积累了大量的运行经验。

通过实验室及中试两阶段的试验研究，陕西临潼化肥研究所已掌握了水煤浆制备技术的关键点，包括煤的粒级配比、水煤浆添加剂、球磨机工程放大、煤浆输送的流体力学特性等。水煤浆制备技术的研究达到当时的国际水平（后来将该项技术成功应用到鲁南化肥厂气化装置上）。在开发高灰熔点煤的水煤浆气化技术方面，陕西临潼化肥研究所开展了添加钙系或铁系助熔剂降低原料煤灰熔点的一系列试烧试验。在这一时期，陕西临潼化肥研究所还开发出高性能水煤浆喷嘴。通过实验开发出三流式及双混式两种结构形式的喷嘴，满足了当时水煤浆气化炉的需要。

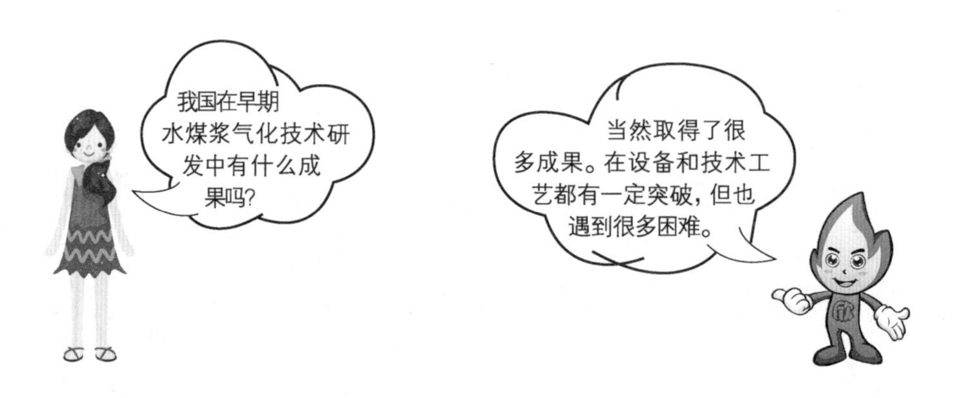

陕西临潼化肥研究所经过水煤浆气化中试研究，取得了以下一系列初期成果。

成果一：研发出适合水煤浆气化的气化炉

有了技术，必须要有相应的设备才能工业化。因此，水煤浆气化要成功工业化，必须研发制造相应的水煤浆气化炉。这对中试也是

非常重要的一环。陕西临潼化肥研究所在进行水煤浆气化中试时，选择的是热壁式气化炉，其结构如图 2－3 所示。

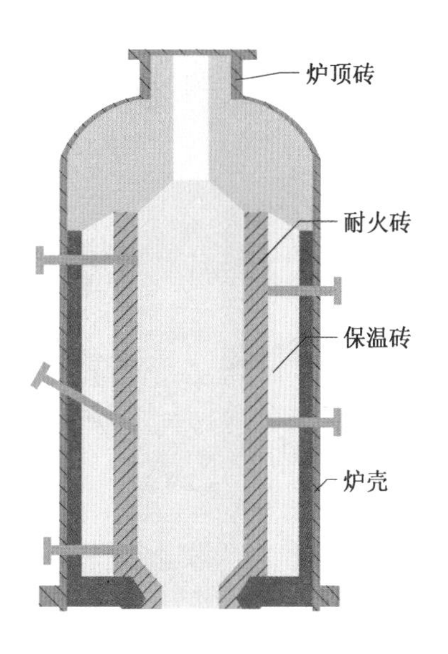

图 2－3　热壁气化炉结构示意图

当时，已用热壁气化炉替换了冷壁气化炉。二者的区别在于耐火材料与保温层间有无水冷盘管。外壳为钢制（16MnR）压力容器，内径 1.8 米，反应区内径为 0.77 米，容积为 1.082 米^3。从里向外分别砌铬镁尖晶石耐火砖、普通高铝砖和高铝轻质保温砖。沿炉子轴向分别设有 3 个炉膛测温点和 2 个炉衬测温点。在 1987 年 10 月热试中，热壁气化炉热损失比冷壁炉降低了 1%～2%，改善了气化指标。

成果二：开发了水煤浆气化成套工艺技术

水煤浆加压气化的中试流程还是比较复杂的。料仓中制作好的一定粒度的水煤浆排放到中间槽，后经煤浆循环槽送至计量槽。煤浆经计量泵送至气化炉内。在内衬耐火砖的水煤浆气化炉上部发生煤的气化反应；下部为辐射废锅，煤气在这里冷却后进入汽包，反应后的渣进入渣罐。合成气继续进入对流废锅换热冷却，冷却后的合成气进入饱和塔，然后通过文丘里管（简称文氏管）进入洗涤塔，合成气经过换热后进入分离器，产生的粗气体进入煤气柜，粗煤气即是气化的气态产品。如图 2－4 所示。

成果三：找到了管道腐蚀原因

经几次热试发现，辐射废锅与水煤浆气化炉连接处的水冷盘管和列管腐蚀较严重，分析为高温下煤气中少量的 H_2S 和氯离子对金属材料的腐蚀。辐射废锅结构合理，运行稳定，虽有积灰，

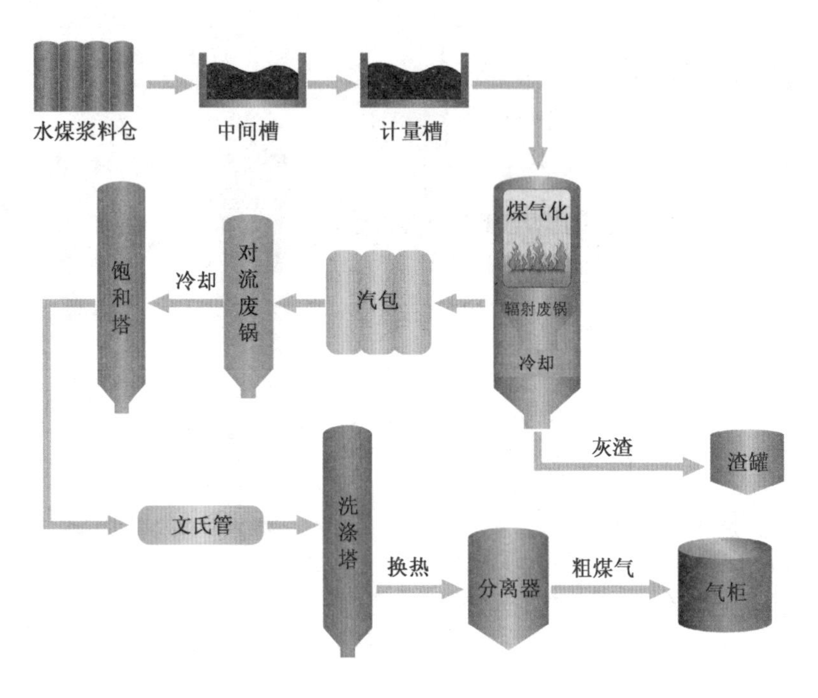

图 2－4　西北化工研究院开发的水煤浆气化工艺

但无挂渣现象。要解决这个问题，当时的首要任务是要增强材料的抗蚀能力（如喷涂）。对于“火管”式锅炉，试验流速较低，致使堵塞较严重。经堵管控制流速后，堵塞现象稍有好转，但仍有堵塞。所以当时规模开发水煤浆气化系统的对流式废锅难度较大。

成果四：研发出性能更好的气化喷嘴

水煤浆气化炉的一个关键器件——喷嘴，对提高碳转化率发挥着重要作用，而且一个性能良好、耐腐蚀的喷嘴对保障水煤浆气化至关重要。设计喷嘴的关键是提高煤浆雾化性能和改善氧煤混合程度。西北化工研究院在中试中共设计了 3 种混合方式（内混、三流外混、内外混结合）、5 种不同结构的喷嘴，以内外混结合型为优。这种喷嘴的气化结果为：一氧化碳和氢气含量为 79%，碳转化率为 98.5%。

图2－5所示为内外混喷嘴结构。煤浆被一次氧雾化，氧气与煤浆混合物在出口处与二次氧相混，由于大部分氧以外混形式喷出，喷嘴磨损率大大低于纯内混式喷嘴。喷嘴材料为M4硬质合金，该材质已能满足中试开车需要，喷嘴寿命得以延长。

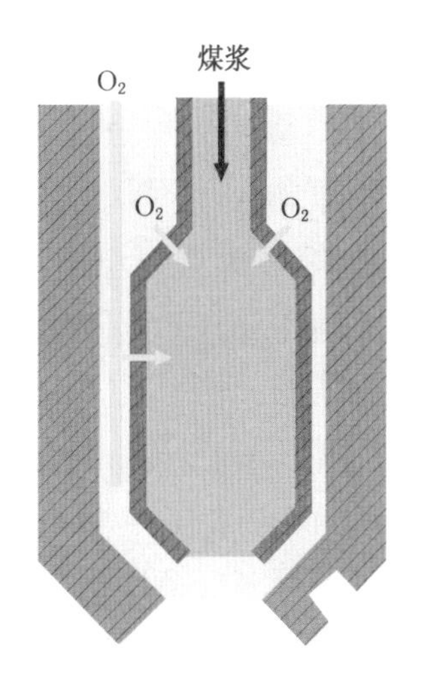

图2－5　内外混喷嘴结构示意图

成果五：开发出满足技术要求的耐火砖

中试第一炉（冷壁）用的耐火材料主要成分为氧化铝和氧化铬，最大蚀损率为0～80.109毫米/时，相当于西德RAG/RCH示范装置20世纪70年代末的蚀损率。第二炉（热壁）耐火材料以氧化铬和氧化镁为主体成分，抗腐蚀性能有较大提高。

- 研发过程中的困境及局限性

煤气化技术是否先进，直接影响煤化工的气化效率、生产成本和经营发展。我国在“六五”“七五”期间投入了大量的人力、物力研制和开发先进的煤气化技术。

原化工部化肥工业研究所在“六五”期间建立了一套水煤浆加压气化中试装置，“七五”期间成功地进行了7个煤种的试烧，主要工艺指标达到或接近国际先进水平。我国几乎开发过所有的煤气化技术工艺，但往往开发到中试甚至只有实验室规模就停止了。因为开发能工业化的气化炉，需要煤炭、金属材料、化工流体力学、传质传热、耐火材料、自动控制等多种专业技术的有效结合与配合。但是由于当时许多研发领域分割过细，如煤质研究、气化技术开发和应用单位分属于不同的主管部门，力量较为分散，影响了我国煤炭气化技术的集中研发。同时，在基础研究方面，我国对煤炭热解、气化动力学、气化过程传质及传热、气化过程污染物迁移规律等领域的研究不够系统、不够深入，没有总结出可以应用的科学规律。因此，在那个年代，我国水煤浆加压气化的技术开发虽然取得了一些进展，但离工业化的目标还很远，特别是部分设备及材料（如高压煤浆泵等）还不能立足国内，部分技术，如工业化喷嘴，间接测温，高灰熔点煤气化，自动化控制等技术还有待深化研究。

鉴于中试规模较小，合成气难利用，开车费用大，许多设备材料的长期考核有一定困难等因素；也为了加快水煤浆加压气化的工业进程，实现工艺设备与材料的国产化，当时主管部门计划在鲁南化肥厂（以下简称鲁化）对水煤浆气化炉喷嘴、耐火材料、煤浆泵等进行工业化考核（如同当时西德的 RAG/RCH 示范装置），为建大型工业装置提供必要的工程经验，以求实现煤气化技术根本性的提升。

（三）水煤浆气化技术由国外引入国内

●引进煤气化技术的国家动议

为了经济合理地引进、消化和研究开发该项新技术，促进我国煤气化工业的发展，国务院科技领导小组和国家科学技术委员会于 1985 年 7 月 13—16 日在陕西临潼化工部化肥工业研究所召开了“水煤浆气化技术政策讨论会”。与会的有关部委及省市的领导同志及所属研究设计单位和生产厂家的高级技术人员 80 多人，对我国“水煤浆加压气化”主要技术政策及技术路线进行了热烈认真的讨论。针对煤气化开发研究工作周期长、协作面广、耗资多等特点提出了一些具体的解决办法，希望在一段时间内集中资金和人力重点突破，切忌产生全面铺开和一哄而上的不良倾向。

会议强调，要继续进行煤气化技术引进和消化吸收工作，在水煤浆气化技术和装备方面应逐步做到立足于国内。要认真组织好已引进水煤浆气化技术的消化吸收工作。并采取措施逐步做到今后新建项目除支付外商技术许可证费外，不再支付其他软件外汇（如煤种试烧及基础设计费等）。鉴于水煤浆气化的某些关键技术（如大型装置的放大技术和废锅流程）及少数关键设备、特殊材料和自控仪表等国内尚未完全掌握，应允许暂时从国外引进。会议还要求，要充分利用

国内的水煤浆气化中试装置，充实和完善必要的条件和测试手段，使之成为研究、开发和煤种评价的现代化基地，煤种试烧和水煤浆气化技术的基础设计必需立足于国内。为了提供可靠完整的设计数据，试验基地必须对所提供的数据承担责任，并与设计单位密切配合搞好评价工作，逐步做到负责提供基础设计。同时，建议在鲁化加速建设德士古技术的生产工业示范装置，以起到示范和推广作用。

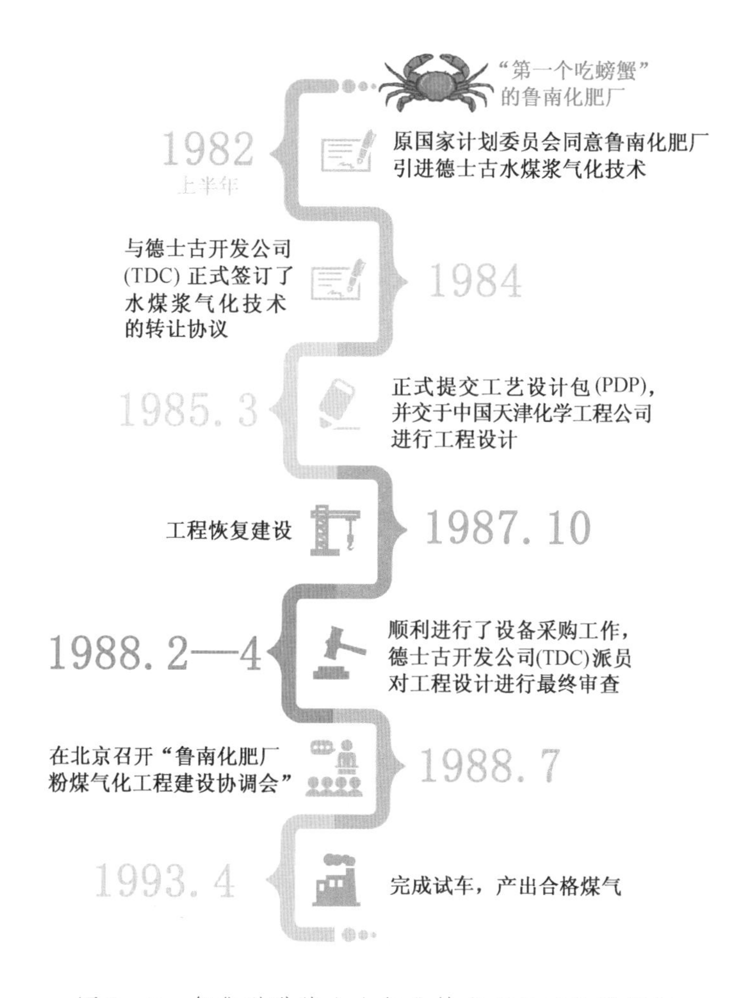

图2－6　鲁化引进德士古气化技术项目建设进程图

1990 年 4 月 14 日化工部化肥工业研究所与美国德士古开发公司在北京签署了煤气化示范合作协议。

● “第一个吃螃蟹”的鲁南化肥厂

按照上级要求，这个首次从美国引进的水煤浆气化工业示范装置落户在了鲁化，成了“第一个吃螃蟹”的勇者。

20 世纪 80 年代，鲁化率先引进世界第五套、中国第一套德士古水煤浆气化装置，成为我国第一个引进德士古气化技术的中型氮肥厂。项目进程如图 2－6 所示。

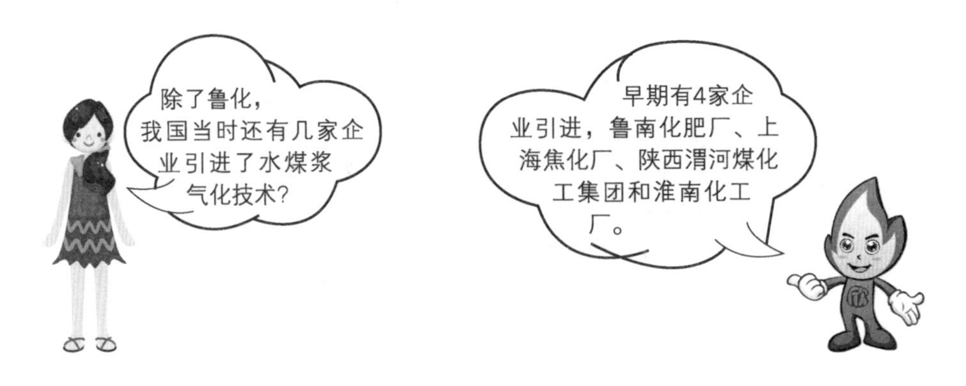

二、水煤浆气化在中国的先行者

我国在“七五”化肥行业技术改造计划中，提出了“采取加压气化并引进德士古煤气化技术”项目的方针。为当时我国中型氮肥厂的技术改造、发展远景以及多种经营等提出了新的研究课题和开发项目。

经过紧锣密鼓的准备，鲁化引进的德士古水煤浆加压气化装置于 1991 年开工建设，1993 年 4 月建成投产。

由此，德士古水煤浆气化技术在我国得到了进一步的发展，1995 年，20 万吨/年甲醇装置在上海焦化厂建成投产，1996 年 30 万吨/年合成氨、52 万吨/年尿素的大型化肥装置在陕西渭河化肥厂建成投产，2000 年 18 万吨/年合成氨装置在淮南化肥厂建成投产。

（一）鲁南化肥厂工业示范

鲁化引进德士古发展公司专利技术后，在与国内开发相结合的基础上，于1993年建成并投运中国第一套德士古水煤浆气化制氨示范装置。合成氨厂工艺流程配置为德士古气化、耐硫甲烷化、氨合成。参加工业示范装置技术开发及攻关的有中国天辰化学工程公司（原化工部第一设计院，负责工程设计）、西北化工研究院（负责水煤浆气化）和南京化学工业（集团）公司研究院（负责NHD净化技术）等单位。选用激冷流程，气化炉一开一备，单炉投煤量为318吨/天(干煤),操作压力2.6兆帕,一氧化碳和氢气产量21900标米^3/时。

1997年鲁化又建成了一套气化压力为8.3兆帕的水煤浆气化试验装置，成为我国继临潼之后的第二个煤种试烧基地，为更高压力下的煤种试烧及评价、气化成套技术及工程放大奠定了基础。

（二）上海焦化厂气化工业示范

上海焦化厂德士古煤气化装置采用美国德士古发展公司的专利技术，其工程设计由中国天辰化学工程公司完成，它选择了激冷流程及两级闪蒸灰水回收工艺，该装置于1993年10月开始土建，1995年5月22日1号气化炉投料成功。设计单炉投煤量为20.24吨/时(干煤)，干气产量43300标米^3/时，气化炉正常运行压力为4.0兆帕，后系统压力调整为3.74兆帕，共有4台气化炉，正常运行时三开一备。设计选用陕西神府煤，经球磨机制成浓度为61%的煤浆。近年来在制浆过程中还使用了焦化厂排放的较难处理的废水，使得焦化废水得到了综合利用。这套德士古气化装置所产粗煤气主要供给年产20万吨甲醇生产装置、城市煤气管网和吴泾化工厂的醋酸装置使用。

（三）陕西渭河煤化工集团工业示范

1996年，陕西渭河煤化工集团有限责任公司独立购买了德士古发展公司的专利许可证和工艺软件包，其工程设计由中国华陆工程公司（原化工部第六设计院）和日本宇部株式会社共同完成，采用工艺气激冷流程及四级闪蒸灰水处理工艺。设计的单台气化炉投煤量为27.46吨/时（干煤），干气产量52500标米^3/时，气化炉正常运行压力为6.5兆帕，气化炉二开一备，设计选用陕西黄陵煤，煤浆制备选用棒磨机，煤浆浓度为65%，所产粗合成气全部用于生产合成氨，下游工艺配置耐硫变换、低温甲醇洗、液氮洗、氨合成。

陕西渭河煤化工集团有限责任公司水煤浆气化装置于1996年2月投入运行，经过摸索运行解决了气化带灰带水问题、高温黑水的磨蚀问题，并完成了原料煤种的适应性变换和耐火砖国产化等工作。

知识链接：煤气化过程中的激冷流程、煤气化过程中的闪蒸灰水回收工艺

煤气化过程中的激冷流程：气化过程产生的高温煤气和熔渣进入激冷器，在激冷器中与激冷水接触，煤气降温、熔渣固化。该工艺过程中热量主要进入水循环系统，热损失较大。激冷流程主要用于煤化工项目。

煤气化过程中的闪蒸灰水回收工艺：气化炉、旋风分离器及洗涤塔三路含固量较高的黑水经蒸发热水塔闪蒸后，产生的闪蒸气与来自灰水槽的低压灰水直接换热，大量水蒸气溶解在低压灰水中一同进入高温热水储罐，经高温热水泵加压进入洗涤塔。该工艺将溶解在黑水中的酸性气体脱除。

（四）淮南化工厂工业示范

安徽淮南化工厂德士古气化装置是2000年8月投入运行的。其工程设计由中国东华工程公司（原化工部第三设计院）和日本宇部株式会社共同完成，选择了工艺气激冷流程及两级闪蒸灰水处理工艺。单炉投煤量约为18.6吨/时（干），干气产量约34000米^3（标）/时，气化炉正常运行压力为4.0兆帕，3台气化炉二开一备。设计选用河南义马煤，煤浆制备采用棒磨机，煤浆浓度为58%～62%。

图2－7所示为鲁化、上海焦化厂、陕西渭河煤化工集团和淮南化工厂引进德士古气化技术进程图。

1993	1993.10	1995.5	1996	1996.2	1997	2000.8
鲁南化肥厂建成并投运中国第一套德士古水煤浆气化制氨示范装置	上海焦化厂引进德士古气化，开始土建	上海焦化厂气化炉投料成功	陕西渭河煤化工集团购买德士古气化技术	陕西渭河煤化工集团德士古气化装置投入运行	鲁南化肥厂又建成一套气化压力为8.3兆帕的水煤浆气化试验装置，成为我国继临潼之后的第二个煤种试烧基地	淮南化工厂德士古气化装置投入运行

图2-7 鲁化、上海焦化厂、陕西渭河煤化工集团和淮南化工厂引进德士古气化技术进程图

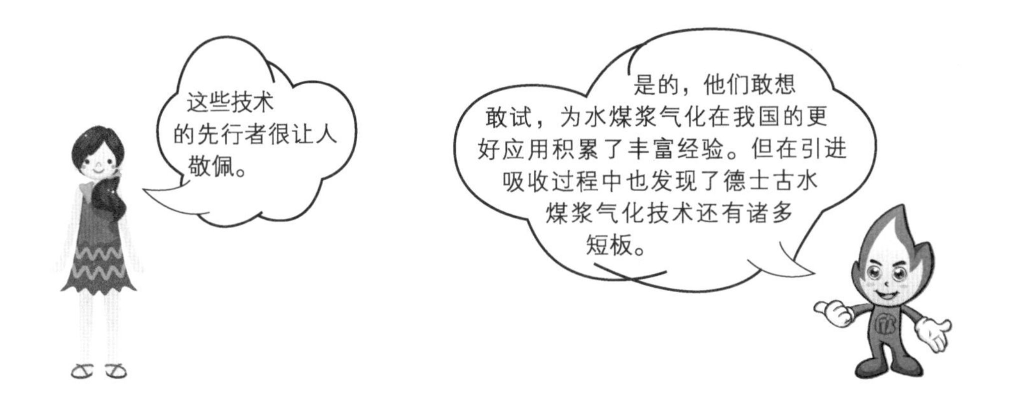

三、进口技术的消化吸收和再创新

（一）德士古水煤浆气化无法规避的短板

要创新就要分析已有技术的不足。德士古加压水煤浆气化技术虽然是比较成熟的煤气化技术，但从引进后已投产的水煤浆加压气化装置运行的情况看，由于工程设计和操作经验的不完善，还没有达到长周期、高负荷、稳定运行的最佳状态，存在以下很多突出问题。如图2-8所示。

1. 气化炉的防火层
——耐火材料使用寿命短

2. 气化炉的体温计
——炉膛热电偶寿命短

4个
突出问题

3. 煤气化的核心
——喷嘴使用寿命短

4. 黑水管线容易堵塞、
结垢、磨蚀

图2-8　德士古水煤浆气化的4个突出问题

知识链接：热电偶、煤气化过程中的黑水管线

热电偶：是温度测量仪表中常用的测温元件，它直接测量温度，并把温度信号转换成电流信号，通过电气仪表（二次仪表）转换成被测介质的温度。

煤气化过程中的黑水管线：是指气化炉、旋风分离器及洗涤塔入蒸发热水塔的水系统管线，因水中含有煤灰颗粒及溶解到水中的无机盐类，水呈黑色，简称黑水，所流经的管道称为黑水管线。

在工业化应用之前发现这些短板非常重要，这样，就可针对性地对德士古水煤浆技术工艺进行改进乃至创新研发。

（二）德士古水煤浆气化技术装备的本土化创新

针对进口设备的短板，结合我国国情，鲁化发扬勇于创新为国争光的担当精神，开始了一系列改进、提高和再创新工作。

● 气化炉原料煤的优选

德士古水煤浆气化，理论上使用的煤种非常广泛，但从气化炉运行周期及经济效益的角度，德士古气化炉对煤种又有一定要求，而且要想获得稳定长周期经济运行，对煤炭的要求还是相当苛刻的。为此，对德士古气化用煤有一个优选问题，鲁化当时进行了大量的试验和探索。

气化装置原设计使用的七五煤先后在美国洛杉矶蒙特贝洛实验室和西北化工研究院进行了试烧。由于七五煤的灰熔融性温度较高（1350～1400℃），对气化过程中的煤灰熔融形成梗阻。为降低灰熔融性温度，鲁化添加了石灰石作助熔剂。但石灰石的加入给生产运行带来了很多困难，集中表现如图2－9所示。

石灰石的加入给生产运行带来了很多困难

a. 灰水中 Ca^{2+} 含量较高，灰水系统结垢堵塞严重，运行周期仅一个月左右

b. 闪蒸系统结垢堵塞，黑水减压阀及阀后管线磨损严重

c. 由于灰熔融性温度较高，炉温控制高，有效气含量低，仅在75%左右，CO_2 高达25%，能耗高

d. 激冷水管线、激冷环结垢堵塞，激冷水流量下降较快

e. 耐火砖蚀损速率快，耐火砖寿命较短

f. 煤炭燃烧不充分，灰渣中残碳含量高，煤耗、氧耗较高

图2－9　加入石灰石后用七五煤气化发生的诸多困难示意图

为了避免因结垢造成的堵塞，减少石灰石的加入量，鲁化开始在七五煤中掺烧低灰熔融性温度的北宿原煤，将石灰石的添加量由

2.4%减少到1.3%，煤浆灰熔融性温度由1400℃降至1350℃，气化炉工况作了相应的调整，炉温大幅度降低，有效气（一氧化碳和氢气）含量从75%升高到78%～79%，气化炉运行趋于稳定，运行周期提高一倍以上。

何谓七五煤？

七五煤为山东省七五生建煤矿所产煤的俗称，该矿位于微山县韓城镇南，始建于1975年，国家大型二级企业。井田面积49平方公里，工业储量3.2亿吨，年设计生产能力60万吨。其早期作为煤气化用煤。

随后，又试烧了鲁南地区级索、井亭、赵坡、留庄、田庄、北宿等不同矿点、不同灰熔融性温度的煤种，优选出了一批适合水煤浆气化的原料煤。

1997年，鲁化在水煤浆加压气化示范过程中，将原料煤由洗精煤和原煤的混合煤种改为全烧洗精煤，煤中灰含量降至8%以下，有效气含量升高到84%～85%，生产负荷不断提高，达到设计能力的135%。气化炉运行周期稳定在60～90天。

由于鲁化附近及周边地区灰熔点较低的煤种相对较少，随着用量的增加，煤炭价格越来越高，已经不能满足生产需要，成本大幅升高，2006年起在全烧精煤的基础上，为降低生产成本在气化煤中掺烧了神木原煤，并且掺烧比例不断提高；在此基础上又试烧了陕西、内蒙古等西北地区的低灰、低灰熔融性温度的原煤，大大拓宽了水煤浆气化煤种。

目前水煤浆气化用煤以鲁南地区洗精煤和西北地区低灰、低灰熔融性温度的原煤为主，二者成浆特点和气化特点的比较见表2－1。

表 2－1　鲁南地区洗精煤和西北地区原煤成浆特性和气化特点比较

鲁南地区洗精煤特点	神木煤等西北地区原煤特点
灰熔融性温度（1250 ℃左右）	灰熔融性温度（1200 ℃左右）
低灰（小于 8%）	低灰（8%）
低内水（小于 2%）	高内水（3% ~5%）
高挥发分（大于 40%）	挥发分相对较低（35% 左右）
活性好	活性一般
成浆性好	成浆性相对较差
煤浆浓度可达 65%	煤浆浓度很难达到 60%
氧耗低	氧耗较高
煤耗低	煤耗较高

从鲁化水煤浆气化用煤优选经验来看，煤的变质程度越高，内水越低、煤中 O/C 比越低、亲水官能团越少、孔隙率越低、可磨性指数越高、煤中含可溶性高价金属离子越少，煤的成浆性越好；低灰分、低内水、高挥发分、低灰熔融性温度的煤种比较适宜于水煤浆气化。在运行过程综合考虑气化炉运行周期、生产负荷以及经济性，合理配煤非常重要。

鲁化水煤浆气化装置的稳定运行以及产能的不断提高，很大程度上得益于煤种的优选，掺烧低灰熔融性温度的煤后，煤浆灰熔融性温度降低；煤浆中不参与气化反应的组分含量大幅度降低，在煤浆流量不变的情况下，相当于增加了入炉煤的量，提高了气化炉负荷。入炉煤灰分的减少，减少了灰渣的产生，减少了灰渣对耐火砖的接触浸蚀。

- 畅通气化炉黑水系统——闪蒸系统的改造

- 改造闪蒸流程

针对设计中的缺陷，鲁化对闪蒸系统流程和设备布置进行了改造。将真空闪蒸罐位置提高，并将高压闪蒸罐、中压闪蒸罐黑水出口改至闪蒸罐中部出水，并在真空闪蒸罐下增加一个储渣罐，这样，中压闪蒸罐的黑水靠其与真空闪蒸罐的压差压入真空闪蒸罐，真空闪蒸罐的黑水靠重力自流入沉降槽，省去了两台沉降槽给料泵，简化了流程，避免了管线堵塞，节省了维修和运行费用，同时，每年可节电15万度，解决了黑水泄漏问题。

- 研发黑水调节阀防磨损材料

气化炉、洗涤塔出口的黑水含固量比较高，压力分别为2.65兆帕和2.35兆帕。黑水经角式减压阀减压后进入高压闪蒸罐，黑水减压后，压力发生变化，静压能转变为动能，流速增大，在黑水中灰渣颗粒的摩擦冲击下，调节阀阀体、阀芯及阀后短节磨损严重，在较短的时间内就会发生泄漏。为了防止磨损泄漏，鲁化将阀芯更换为硬质合金材料，阀体内表面堆焊硬质合金，减缓了阀门的磨损；阀后短节采用复合材料（陶瓷、双金属）做成耐磨件用到系统中，取得了良好效果，阀后短节运行周期达到1年以上。

- 尝试研发新型喷嘴，提高气化炉点火器耐磨性能

水煤浆气化喷嘴是水煤浆加压气化炉中的核心技术部件，它的性能好坏直接影响着碳的转换率和气化炉的发气量。1995年，鲁化、水煤浆气化及煤化工国家工程研究中心、华东理工大学共同合作，研制出新型水煤浆气化喷嘴，实现了技术创新与工业应用。新型喷嘴各项技术指标比传统喷嘴均有提高，其中节煤2.6%，节氧2%～5%，碳转化率提高2%。该项技术经原化工部科技司主持的专家鉴定认为填补国内空白，形成了我国水煤浆气化的技术特色，并达到国际领先水平。

在此基础上，针对气化喷嘴运行时间短的问题进行技术研发，开发出耐磨喷嘴，在喷嘴头部镶嵌特制的陶瓷部件，该特种陶瓷材料具有耐高温、耐腐蚀、耐冲刷等特性，使喷嘴的平均运行周期在150天以上，最长运行周期197天。另外，还开发出新的喷嘴修复工艺，使喷嘴可以多次修复和使用。

- 降低气化炉温度、改善激冷室结构，解决合成气带水问题

气化炉激冷室是高温煤气冷却降温洗涤的部位，在此过程中煤气被水吸热形成的水蒸气饱和，激冷室也是熔渣固化冷却的地方。在激冷室内传质和传热极为迅速和剧烈，易发生带水现象，影响传质和传热，也制约了气化炉负荷。一方面，鲁化通过降低气化炉操作温度上减轻了带水的发生；另一方面，他们又通过改变激冷室下降管下部结构及增加上升管直径的办法减轻气化炉带水现象，使得气化炉负荷得以提高。优化改造后气化炉负荷提高至设计值的135%。

● 改造激冷环，提升气化炉寿命

激冷环是气化炉的重要部件之一，使用中存在着运行周期短，布水孔易堵塞，激冷水分布不均匀，以及焊缝在温差和应力作用下易产生拉裂等现象。这些故障的发生，将直接影响气化炉的长周期稳定运行。针对以上问题，鲁化进行了以下3个方面的改进：

◆ 激冷环的进水孔由径向进入改为与径向成一定夹角进入，减少了激冷水的能量损失，并使激冷水在布水环内形成环流，有利于激冷水的均匀分布，有效地保护下降管；

◆ 布水环的材料由不锈钢改为Incoloy825，对布水环的形状加以改进，消除了热应力；

知识链接：Incoloy 825

Incoloy 825是钛稳定化处理的全奥氏体镍铁铬合金，并添加了铜和钼。Incoloy 825是一种通用的工程合金，在氧化和还原环境下都具有抗酸和碱金属腐蚀性能。

◆ 调整焊接工艺，控制加工变形，提高制造精度。改造后的激冷环布水更加均匀，有效保护了下降管，避免了结渣堵塞现象，激冷环的使用寿命提高到20000小时以上。

● 力争关键设备国产化

大型煤气化技术的关键是设备的可靠性及自动化程度的提高，鲁化德士古气化一期工程建设时除了引进 PDP 工艺包外，还花费了大量的外汇购买了部分关键设备，主要有集散控制系统、工艺烧嘴、高低压煤浆泵、煤浆振动筛、锁斗阀（DN300）、部分黑水减压调节阀等。

这些设备当时国内还不能制造，即使能够生产，其性能与国外设备及其零部件相比还有较大差距，关键设备的国产化是制约水煤浆气化在国内推广应用的障碍之一。为此，鲁化与国内多家科研机构、专业生产厂合作，共同研制了除 DCS 以外的其他所有上述设备，并在鲁南化肥厂成功应用，为水煤浆气化技术在国内的迅速低成本推广起到了积极的推动作用。

知识链接：集散控制系统

集散控制系统是以微处理器为基础，采用控制功能分散、显示操作集中、兼顾分而自治和综合协调的设计原则的新一代仪表控制系统。集散控制系统简称 DCS，也可直译为“分散控制系统”或“分布式计算机控制系统。

第三篇　水煤浆气化技术在中国重生

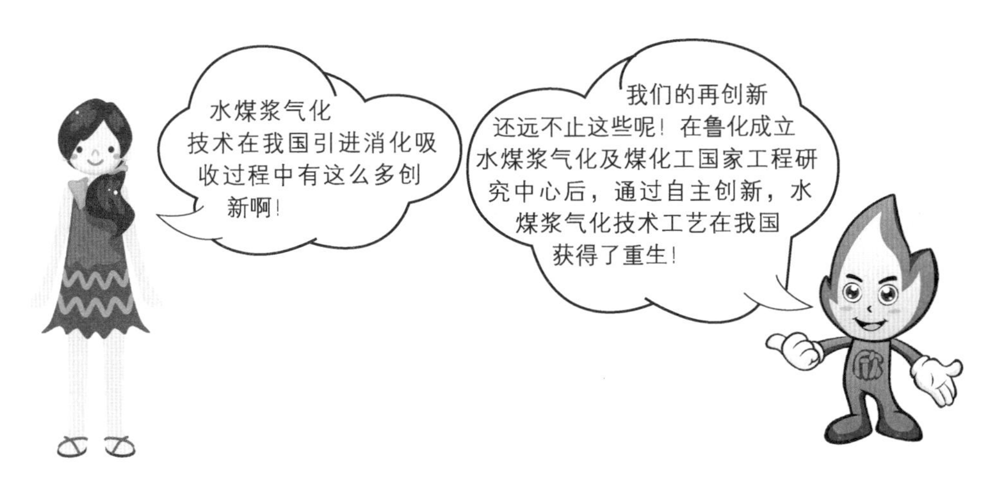

20 世纪 80 年代末，在中央各部委及国家领导人的支持下，作为化工部的试点，鲁化引进了德士古水煤浆加压气化制合成气技术，建设并运营工业示范装置。装置建成后，计划将“科研”“设计”“生产”有机结合，以使我国逐步掌握世界上先进的德士古水煤浆加压气化制合成气的技术。

20 世纪 90 年代，由于石油和天然气价格的上涨，我国以重油、轻油和天然气为原料的合成氨厂出现严重亏损，急需用水煤浆来代替重油、轻油、天然气来生产合成氨。先进的水煤浆气化技术的引进，可以改变我国以煤为原料生产甲醇、醋酐、醋酸、甲酸、甲醛、甲酸甲酯、碳酸二甲酯等煤基化工产品技术落后的现状。但像水煤浆气化这样先进的煤气化技术因为知识产权归属于国外公司，我国每年还需要支付高额的专利使用费，严重阻碍了我国煤化工产业的发展，同时也加重了企业负担。因此，研发具有自主知识产权的先进煤气化技术，具有重要的战略意义。

一、国家意志——水煤浆气化及煤化工国家工程研究中心成立

前期的工业化示范以及消化吸收再创新，增强了我国自主研发新一代煤气化技术的信心。因此，国家层面开始吹响水煤浆气化技术自主创新的集结号。

（一）吹响水煤浆气化技术自主创新集结号

背景

1994 年 2 月，为贯彻国家发展战略，全国煤转化联合会专家一致建议：为推动我国煤化工事业的发展，推广鲁化的水煤浆加压气化及气体净化新工艺、新技术，建议把鲁化建设成为我国第一个出技术、出人才、出效益的煤化工基地。要求鲁化继续坚持“三结合”（科研、设计、生产相结合），把现有装置不断完善，继续研究开发、不断创新。

当时，山东省国土规划厅及国家化工部规划司都计划将鲁化列为现代煤化工基地，建议成立以鲁化为依托单位，由高等院校、科研、设计等单位参加的水煤浆气化及煤化工国家工程研究中心（以下简称工程中心）。以便利用已掌握的德士古水煤浆气化技术及气体净化技术，自主开发具有国际水平的水煤浆气化制甲醇成套工艺技术，消化、吸收、创新引进国外醋酸、醋酐技术，开发羰基合成醋酸乙烯、甲酸甲酯、碳酸二甲酯等含氧化合物及甲醇、醋酸、醋酐下游产品新工艺；自主开发煤整体气化联合循环发电（IGCC）；改变我国甲醇、醋酐、醋酸、甲酸、甲醛、甲酸甲酯、碳酸二甲酯等煤化工生产消耗高、污染重、技术落后的状态。

在国家和各级领导的关心下，1995 年，经过国家计划委员会和化工部专家的评估，以鲁化为依托单位，联合华东理工大学、天辰设

计院、西北化工研究院等单位，成立了国家级的研发平台——水煤浆气化及煤化工国家工程研究中心，成为我国煤化工科研成果向产业化转化的重要渠道。

综合相关高校和研究机构在煤气化、碳一化学领域深入研究的优势,以及鲁化可以工程化、工业化的有利条件,工程中心对用水煤浆气化技术工艺生产甲醇等含氧化合物产品及其下游产品进行了一系列重大科技攻关,建设和完善了必要的多功能试验研究室及工程开发基地,建立并强化了科研成果转化为生产力的新型运行机制,凝集上下游可以合作的各种力量,为我国煤气化技术的自主创新搭建了很好的平台。

同时，工程中心还向国外开放，进行广泛的国内外技术交流和技术合作，组织国内外学者共同合作进行研究开发，承接各方研究课题，并通过中心水煤浆气化自主创新技术的工程化、产业化，为加速我国煤气化技术的进步，减少工程放大的中试投资和试验周期，实现科研成果直接转化为生产力发挥了极其重要的作用。

1999 年底，兖矿集团有限公司成功重组鲁南化肥厂成立了兖矿鲁南化肥厂（以下简称“兖矿鲁化”），使得集团煤化工产业得到较快发展。

2002 年以来，兖矿集团坚持“大项目—多联产—基地化”方向，以煤炭气化、液化为重点，先后建设了国泰公司 60 万吨醋酸、国宏公司 50 万吨甲醇、贵州开阳 50 万吨合成氨、新疆 60 万吨醇氨联产、鄂尔多斯 90 万吨/年煤制甲醇及转化烯烃、陕西榆林 100 万吨/年煤液化、榆林能化 240 万吨甲醇及下游等一批具有较强影响力的煤化工项目。兖矿鲁化也逐渐发展成为兖矿鲁南化工有限公司（以下简称为“兖矿鲁南化工”）。

经过多年的创新发展，兖矿鲁南化工已成为一家专门从事化工生产与科研开发的化工企业。公司现有总资产 110 亿元，年销售收入 60 亿元，职工 3749 人。企业总产能 260 万吨，其中醋酸 80 万吨、尿素 50 万吨、甲醇 55 万吨、醋酸乙酯 20 万吨、丁醇 15 万吨、聚甲醛

4 万吨、醋酐和醋酸丁酯各 10 万吨、复合肥 20 万吨。依托企业，先后成立了水煤浆气化及煤化工国家工程研究中心、山东省危险化学品鲁南安全生产应急救援中心。企业拥有尿素、醋酸、甲醇、醋酸乙酯、丁醇、聚甲醛、醋酐和醋酸丁酯、生态复合肥等 10 余种产品。尿素为国家免检产品，丁醇、醋酸产品多项指标被认定为国家标准。

（二）聚国内各路英豪，组建国家级煤气化研发平台

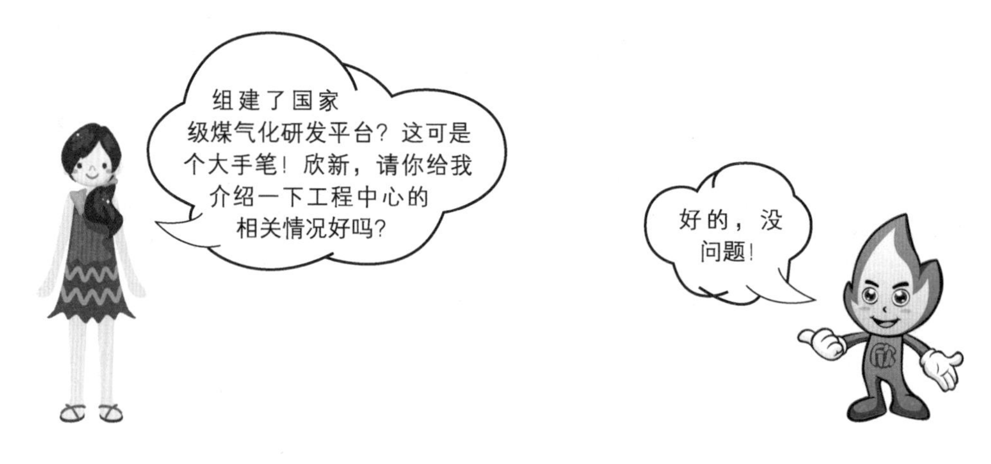

● 粉墨登场，渊源深厚

1995 年，工程中心之所以以当时的鲁化为依托单位，是鲁化建厂以来坚持科技创新的历史必然，也是鲁化从建厂起就坚持“产、学、研”联合科技攻关的结晶。

长期坚持“产、学、研”联合创新的鲁化，得到了原国家计划委员会、原国家科学技术委员会、原化工部和专家们的肯定及高度评价。正是鉴于鲁化的科技创新能力和成绩，1995 年 6 月 7 日，国家计划委员会〔1995〕658 号印发《水煤浆气化及煤化工国家工程研究中心建设项目可行性研究报告的批复》文件。孕育已久的国家级的工程研究中心正式粉墨登场。

工程中心成立之初就明确了工程项目的研究方向，即进一步开放水煤浆加压气化、合成气净化、碳一化学及含氧化合物和其下游产品

的工艺和工程转化技术，开展煤气化相关方法的冷、热模试验和开发化工生产过程的自动控制技术，为煤炭资源的综合利用和煤化工的发展服务。工程中心建设经费 7108 万元（含外汇 200 万美元），其中由原国家计划委员会安排资金 3500 万元，山东省投资 500 万元，化工部投资 500 万元，枣庄市投资 1600 万元，企业自筹 1008 万元。图 3－1 所示为工程中心总部外景。

图 3－1　工程中心总部外景

工程中心受到国家的高度重视。1995 年 8 月 28 日，工程中心成立大会在鲁化召开，时任化工部副部长的成思危亲临大会，为中心揭牌，并担任工程中心主任。图 3－2 所示为中心揭牌和落成典礼。

图 3－2　中心揭牌和落成典礼

● 健全机构，分工协作

工程中心成立后，依托鲁化建设了以清华大学、华东理工大学、南京化学工业（集团）公司研究院、西北化工研究院、西南化工研究设计院、中国天辰化学工程公司为成员单位的研发组织构架。如图3－3所示。

图3－3　水煤浆气化及煤化工国家工程研究中心架构图

水煤浆气化研究开发部：设在原化工部西北化工研究院（以下简称西北院），其主要职责是依据工程中心科研规划，负责水煤浆气化方面的研究开发工作。

气体净化研究开发部：设在南京化学工业（集团）公司研究院（以下简称南化研究院），其主要职责是依据工程中心的科研规划，负责气体净化方面的研究开发工作。

含氧化合物研究开发部：设在原化学工业部西南化工设计研究

院，其主要职责是负责煤气化后合成气、合成甲醇生产装置的设计，形成了8万吨/年甲醇生产技术。同时研究开发的“低压羰基合成醋酸”技术，打破了国外对该技术的垄断。

华东理工大学研究开发部： 设在华东理工大学，主要从事水煤浆气化和碳一化工研究和开发工作。与工程中心协作开发了多喷嘴新型气化炉、干煤粉气化技术和水冷壁气化炉等。

清华大学研究开发部： 依托清华大学碳一化工国家重点实验室，主要从事碳一化工的技术开发研究工作和承担工程中心的国际交流、科技信息等工作。

工程开发部： 设在原化工部第一设计院，主要参与完成工业装置的设计、各新技术的工程开发及试验装置的工艺包或基础设计。

鲁化是各研发机构、工程设计部门中最重要的中试和工业化中试示范基地，是水煤浆气化技术研发成果转化成生产力的试验田。

二、持续创新——创立四喷嘴水煤浆气化技术工艺

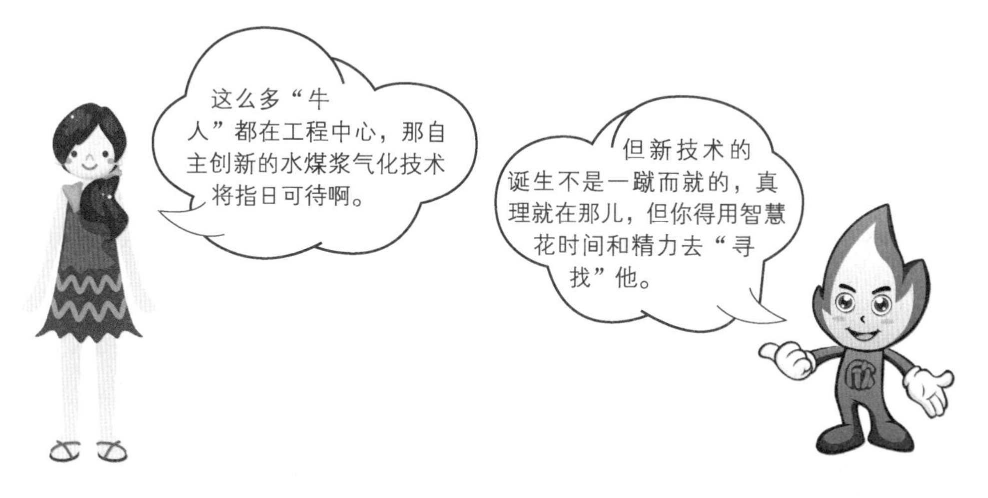

（一）众里寻“炉”千百度

随着煤化工产业的迅速发展，煤炭气化技术领域的创新也是群雄逐鹿、风起云涌。气流床煤气化技术以其能连续进料即高温液态排渣

的优势代表着煤气化技术的发展趋势，是现在最高效、清洁的煤利用技术之一。而水煤浆气化就是气流床气化的典型代表之一。

● 水煤浆气化技术的不断创新探索

我国在建立水煤浆气化及煤化工国家工程研究中心后，依托鲁化的德士古水煤浆气化装置开展了一系列自主研发和科技攻关。

当时引进的德士古水煤浆气化装置为国内第一套，而且为降低投资，采取只引进技术软件包和部分关键的仪表、设备，其他国内配套的方式，按投资计国产化率超过 70%，按设备台数计国产化则达到 90%。经过艰苦努力，集中了广大技术人员和技术工人的智慧，装置于 1993 年 3 月建成试车。这期间实施技改技措攻关 150 多项。

1994 年 3 月德士古气化装置经过技术改造后通过了化工部组织的 72 小时生产考核,6 月通过了技术鉴定。1995 年,仅用一年半的试生产时间,采用国内第一套水煤浆气化装置生产合成氨就达到了 8.21 万吨，超过了 8 万吨的设计能力。试车时间之短,创造了我国引进合成氨化肥国外技术的记录。由于鲁化在消化吸收德士古气化技术和 NHD 煤气净化技术应用上的贡献,1996 年获得了国家科技进步一等奖。

1996 年以后，装置开工率达 95%。1997 年创单炉连续运行周期 1863 小时的国内最高纪录。2000—2002 年连续 3 次创单炉连续运行周期 89 天的好成绩。2001 年在开 2 台气化炉且在没有备炉的情况下生产合成氨 85025 吨、甲醇 93196 吨，吨氨综合能耗比固定层造气低约 100 千克标煤。

如此多的好成绩离不开工程中心和兖矿鲁南化工公司科技人员的共同努力。从图 3－4 中可看出他们当年事无巨细的改进和改造。

● 创新突破，气化压力提高到 8.5 兆帕

要想提高水煤浆气化的气化效率和碳转化率，气化压力的提高非常关键。因此，为达到更高的气化压力以实现合成氨、甲醇的等压合成，工程中心充分发挥协作优势，联合开展了 8.5 兆帕水煤浆加压气化中试试验。

德士古水煤浆加压气化

- ✓ 掺烧了十几个煤种，最终改变了气化用煤单一的状况
- ✓ 对气化工艺的闪蒸系统进行改造，每年可节电 15 万度以上，解决了黑水泄漏问题
- ✓ 解决黑水系统的磨损问题，使其管线寿命延长到 1 年以上
- ✓ 关键设备国产化率提高，在满足工艺生产需要的基础上较进口设备大幅降低了成本
- ✓ 提高耐火砖性能，开发的国产化耐火砖节省了外汇
- ✓ 研发出新型水煤浆添加剂，该项创新每年可增加效益 480 万元

图 3－4　德士古水煤浆加压气化试烧成绩归纳图

当时，这个过程是怎样进行的？

为了研发出更高压力的水煤浆气化技术，鲁化先以拆解回来的美国德士古设备为基础，进行中试研发，通过多种努力，最终使气化压力提高到了 8.5 兆帕。其中的具体过程如图 3－5 所示。从图中的重要节点，我们似乎可以想象得到当时火热的中试研发场景。

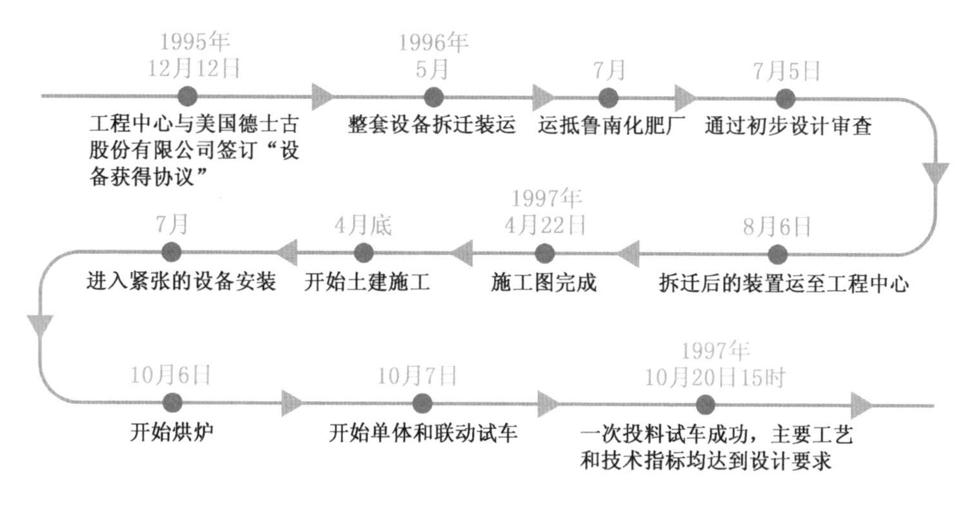

图 3－5　水煤浆气化中试研发过程示意图

● **克服气化喷嘴缺陷，实现长周期稳定运行**

气化喷嘴是水煤浆气化装置的核心设备，是影响水煤浆气化炉长周期运行的重要因素之一，其性能和寿命关系到气化效率和气化炉的安全、长周期稳定运行。

为解决由于水煤浆气化炉喷嘴使用周期短制约气化炉长周期运行的难题，工程中心发挥“产、学、研”优势，与华东理工大学等科研机构共同研制开发出新型耐磨喷嘴（预膜式喷嘴），1997 年 4 月研发的新型耐磨喷嘴通过原化工部科技司技术鉴定，1998 年 12 月获上海市科技进步一等奖。该喷嘴在性能上达到或优于国外产品，与国外产品相比节煤 2.2%，节氧 0.21%，灰渣可燃物大大低于国外产品，使用寿命达 100 余天。2007 年，该耐磨喷嘴实现连续运行 197 天的世界同行业最长运行周期。

知识链接：水煤浆气化炉喷嘴

自主研发的气化喷嘴采用预膜、外混式。进烧嘴的氧流股分成两个流道，中心通道称为一通道，外侧通道称为三通道，一通道与三通道之间为二通道，即煤浆通道。三股物流射出烧嘴，煤浆的内外侧为高速流动的氧流股，且与煤浆成一定交汇角；氧流股通过高速剪切、振动等方式使煤浆雾化，可以达到 100 微米的尺度。

原来德士古水煤浆气化炉采用预混式雾化喷嘴，亦为三通道，一通道的氧与二通道的煤浆在喷嘴内腔进行一次雾化，一通道与二通道汇合后再与第三通道的氧进行二次雾化。在预混式喷嘴中，氧气和水煤浆在喷嘴内的混合室中混合后射出喷嘴。如图 3－6 所示。

预膜式喷嘴采用氧气与水煤浆同时离开喷嘴。喷嘴内部没有预混段，运用内、外侧高速氧气的扰动实现水煤浆的雾化和水煤浆与氧气的充分混合。预膜式喷嘴水煤浆膜初始厚度降低，更易于雾化。由于避免了水煤浆与中心氧气的预混，大大降低了煤浆通道的出口速度，减少了煤浆通道的磨损，对延长喷嘴寿命很有利。

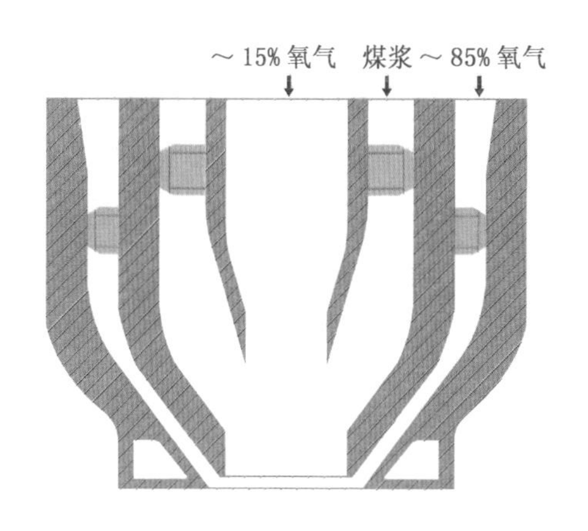

图 3-6　预混喷嘴示意图

长期的实验室研究和工程实践表明：预混式喷嘴中心氧管阻力大、可调幅度小、雾化效果差，喷嘴的磨损严重，德士古水煤浆气化喷嘴的寿命为 45~60 天。雾化效果差直接影响气化炉内物料的混合效果，导致有效气成分低、碳转化率低，烧嘴的处理负荷受到限制。

预膜喷嘴与德士古烧嘴相比，最大的不同是通过降低中心氧通道，避免了中心氧与水煤浆在二通道内的预混。如图 3-7 所示。

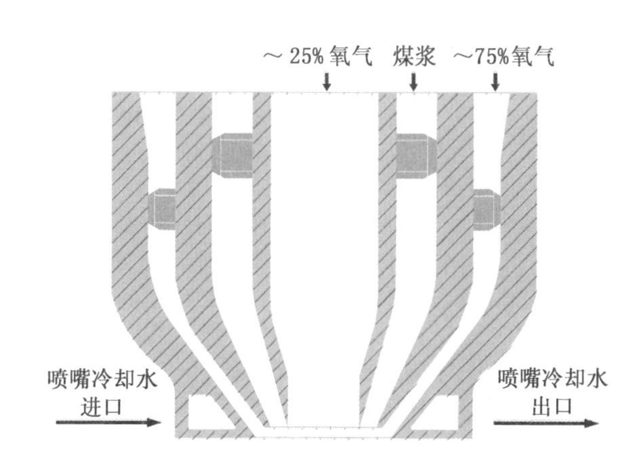

图 3-7　预膜式喷嘴示意图

研究表明，预膜式喷嘴具有雾化性能优良、结构简单、煤浆出喷口速度低、能有效避免磨损等特点。实践证明，这一新的喷嘴型式工艺效果好，使用寿命长，兖矿鲁南化工的预膜式工艺喷嘴使用寿命平均在 90 天左右，最长达到 152 天。另外，工程中心开发的耐磨工艺喷嘴用于鲁化德士古气化炉，使用寿命长达 198 天。

（二）“四喷嘴对置式水煤浆气化技术”走出灯火阑珊处

水煤浆气化过程涉及高温、高压、非均相条件下的流体流动，期间各物相的传递过程规律和化学反应十分复杂。同时，气化炉内平均温度高达 1300 ℃（火焰前沿温度更高），气化过程基本上属于快反应，必须掌握各种流体快速流动和混合过程中的科学机理。

在水煤浆与气化剂快速反应的瞬间，如何增强这一快速交互反应的效率？研发人员萌发出开发对置式多喷嘴气化炉的灵感。首先是四喷嘴水煤浆气化炉的构想。然而喷嘴多了，一系列的问题也接踵而来。对此，技术研发团队详细制定了开发方案、实施步骤，以便分步破解四喷嘴水煤浆气化技术的奥秘。

● 第一步：打通“经脉”

研发的第一步是深入钻研水煤浆气化的科学机理。研发团队提出了气化过程的层次机理模型，如图 3－8 所示。喷嘴和炉体的结构与几何尺寸、工艺条件（第一层次）决定了炉内的流场结构（速度分布、压力分布、回流与卷吸，为第二层次），流场结构又决定了炉内的混合过程（包括雾化，为第三层次），并由此形成了炉内的浓度分布、温度分布和停留时间分布（第四层次）。而有效气成分、有效气产率、碳转化率和水蒸气分解率等气化反应结果，以及喷嘴寿命、耐火砖寿命、激冷环寿命和结渣等工程结果（第五层次）则受浓度分布、温度分布和停留时间分布的影响。

其中第一层次是可控因素，关键是控制依据；第五层次为结果，是被动承受的；第二层次、第三层次、第四层次因素起因于第一

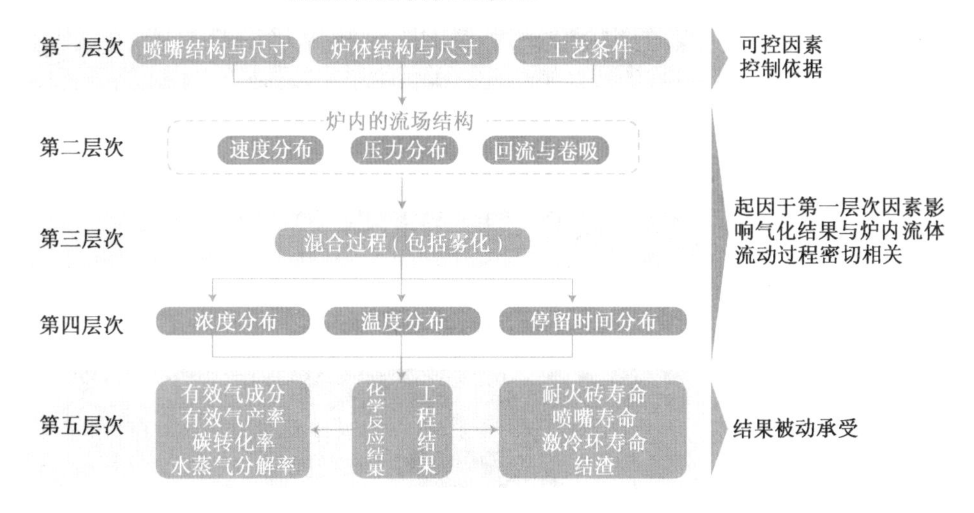

图 3－8　气化过程层次机理模型

层次因素，影响气化结果，在工业条件下，是人们无法看到的，但又是设计第一层次因素的依据，它们与炉内流体流动过程密切相关，鉴于流体流动特征以及与之相关的混合过程的特殊性，可以将其从复杂的气化反应中分解出来，通过大型冷模装置加以详尽的研究。

● 第二步：制定“套路”

搞清了科学机理，研发人员就拟定了特定“套路”。水煤浆气化过程具有化学与物理问题耦合、技术条件苛刻（高温、高压、多相）、多过程串并联交叉等特征，单靠综合研究是难以奏效的。其研究开发方法的脉络如图 3－9 所示。因此必须将复杂煤气化的化学与物理问题解耦，分别研究其化学规律与物理规律，再通过数学描述在计算机上综合，以获得设计与放大依据。大型冷模与小型热模并举，前者研究流动规律，服务于技术放大，后者探索温度与压力效应，服务于技术条件优选；物理化学问题的数学描述与系统模拟并举。将实验室研究应用于中试装置接受检验，通过中试装置验证数学模型，进一步丰富和完善实验得到的科学规律，从而应用于工业装置。

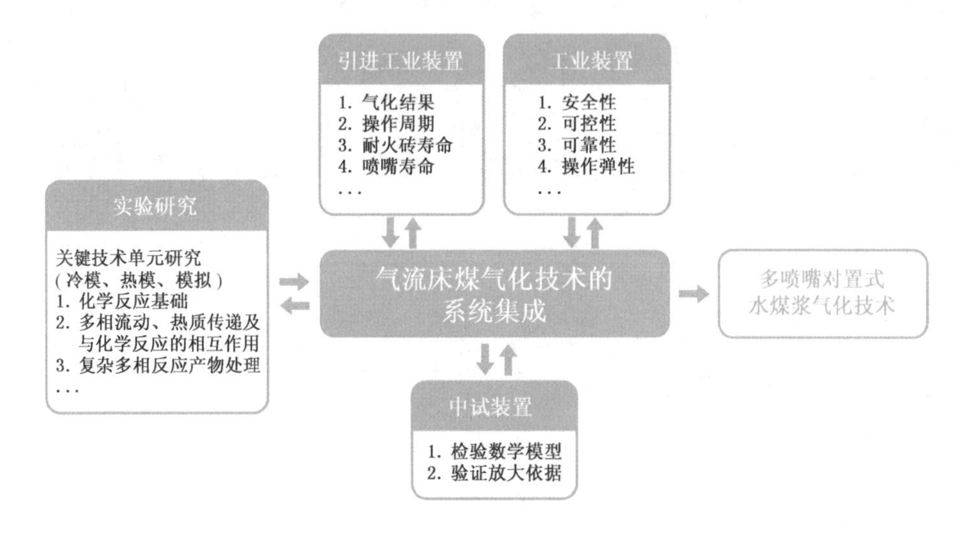

图 3－9　研发脉络示意图

一是实验研究与建立数学模型和数值模拟相结合

将大规模煤气化技术涉及的复杂过程及其设备的放大，从几乎完全依赖实验研究（仅建立局部或单元过程的数学模型）向实验研究与数值模拟并举转化。这是众多“套路”中的关键一步。

知识链接：数学模型

数学模型是指根据对研究对象所观察到的现象及其实践经验，归结成的一套反映对象某些主要数量关系的数学公式、逻辑准则和具体算法。这种科学方法常用来描述对象的运动规律。可以根据实际问题来建立数学模型，对数学模型进行求解，然后根据结果去解决实际问题。

兖矿集团和华东理工大学的研发人员通过实验室冷模、热模，分别获取了炉内物质流动、传递与反应的科学规律。包括研究多喷嘴、多平面设置的气流床气化炉内的流动机理与传递规律，气液固三相分离系统的流动传递规律，高温高压下气化反应特征及动力学规律，火焰结构特征、炉内温度分布、浓度分布规律，探索温度与压力效应，获得综合结果，也为验证与修正数学模型和数值模拟结果提供依据。

其后，在系统、全面的实验研究基础上，研发人员建立了描述特定过程的数学模型，同时结合先进的计算流体力学模拟软件和数学分析计算方法，进行计算与模拟，并以实验数据、中试装置数据乃至示范装置数据为依据，对计算方法和数学模型进行反复校核与修正，使之不断趋于完善。通过计算，预测气化炉几何变量、结构变量和工艺条件对气化过程的影响，探索过程放大规律。以过程单元的模拟计算为基础，完成整个系统的集成与优化。

二是实验室基础研究与中试装置实验研究相结合

大规模高效气流床气化过程涉及的问题极为复杂，实验室研究和数值模拟有一定的局限性，必须将实验室基础研究工作及时应用于中试装置接受检验才行。

中试是中间性试验的简称，是科技成果向生产力转化的必要环节，成果产业化的成败主要取决于中试的成败。科技成果经过中试，产业化成功率可达 80%；而未经过中试，产业化成功率只有 30%。要实现科技成果转化与产业化，需要建立旨在进行中间性试验的专业试验装置，通过必要的资金、装备条件与技术支持，对科技成果进行成熟化处理和工业化考验。四喷嘴水煤浆气化中试装置起到的就是这样的作用。

研发人员通过中试装置验证了数学模型、进一步丰富和完善实验得到的科学规律，反过来可以指导实验室研究的进一步深化。

在中试装置上，他们验证了复杂多相反应产物处理中的关键技术，验证了主要工艺指标（碳转化率、氧耗、煤耗等），并进行了典型煤种气化特性的验证。

三是实验室研究与工业中试装置运行分析相结合

根据气流床煤气化技术研究开发与工程建设进度，研发人员将实验室的基础研究工作与工业装置、示范装置的工程运行状况紧密结合起来。通过对工业装置的运行分析，完成了某些难以在实验室开展的工作（比如煤种适应性、气化效率验证、装置稳定性分析、装置放大规律等），并对某些关键单元技术进行了工业考核。研发人员从工程实际出发，深刻理解与掌握了水煤浆气化关键技术中隐含的科学规律，同时又及时将研究成果运用于工程实践中，使之接受检验并不断完善。所以，研发人员立足多喷嘴水煤浆气化中试研究装置建成后，进行了不同工艺条件下的研究，取得了大量的数据。

以上步骤可归纳为图 3－10 所示。

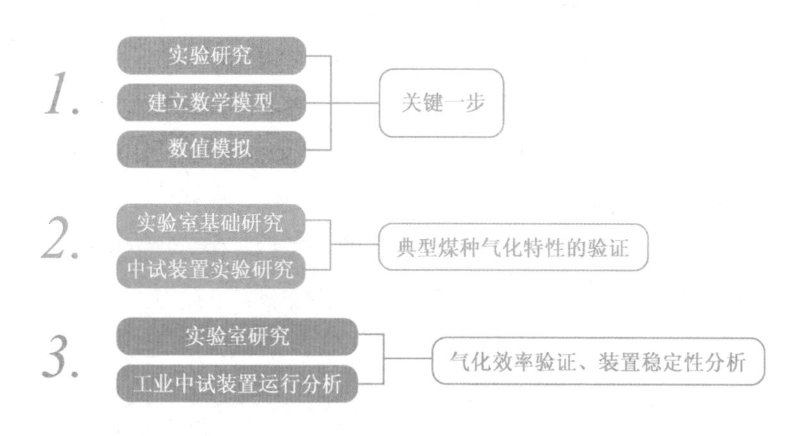

图 3－10　研发套路示意图

● **第三步：终成“经典”**

在以上套路下，兖矿集团和华东理工大学研发出具有完全自主知识产权的、国际首创的、居于水煤浆气化领域国际领先水平的多喷嘴对置式水煤浆气化技术的工艺，其工艺原理如图 3－11 所示。该工艺

主要包括多喷嘴对置式水煤浆气化工序、分级净化的合成气初步净化工序、直接换热式含渣水处理工序。

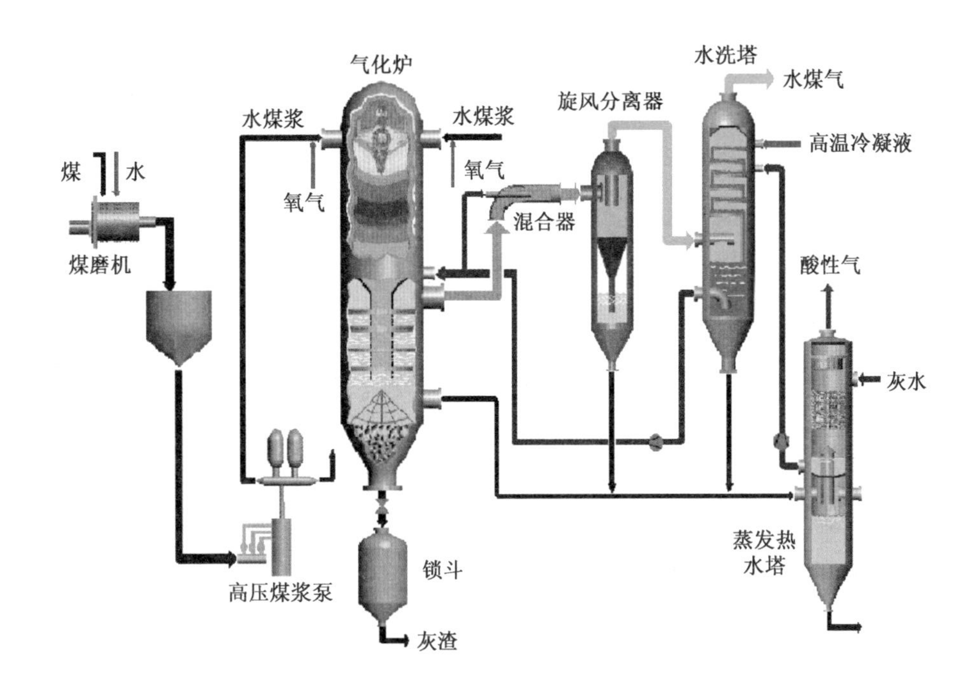

图 3－11　多喷嘴对置式水煤浆气化技术工艺原理图

◆ 多喷嘴对置式水煤浆气化工序。水煤浆通过 4 个对称布置在气化炉中上部同一水平面的预膜式喷嘴，与氧气一起对喷进入气化炉，在炉内形成撞击流，强化热质传递，完成雾化和气化反应过程。工业装置运行已证实工艺技术指标先进。运用交叉流式洗涤冷却水分布器，强化高温合成气与洗涤冷却水间的热质传递过程。复合床高温合成气冷却洗涤设备可很好地解决洗涤冷却室带水带灰、液位不易控制等问题，并使合成气充分润湿。

◆ 合成气初步净化工序。在水煤浆气化合成气初步净化工序上，研发人员采用“分级”的概念，设置了混合器、分离器、水洗塔三单元组合系统，即先“粗分”再“精分”，属高效、节能型。混合器后又设置分离器，除去80% ~90%的细灰，使进入水洗塔的合成气较为洁净；加入水洗塔的洗涤水比加入混合器的润湿洗涤水更清洁，能充分保证洗涤效果。通过工业化示范装置的运行已表明具有良好的洗涤效果。

◆ 含渣水处理工序。该成果采用含渣水蒸发产生的蒸汽与灰水直接接触，同时完成传质、传热过程，其先进性是破除了影响长周期运转的隐患；回收热量充分，热效率高。通过工业化示范运行已证实有较长的操作周期和很好的能量回收效果。

三、梦想终成现实，四喷嘴对置式水煤浆气化中试装置诞生

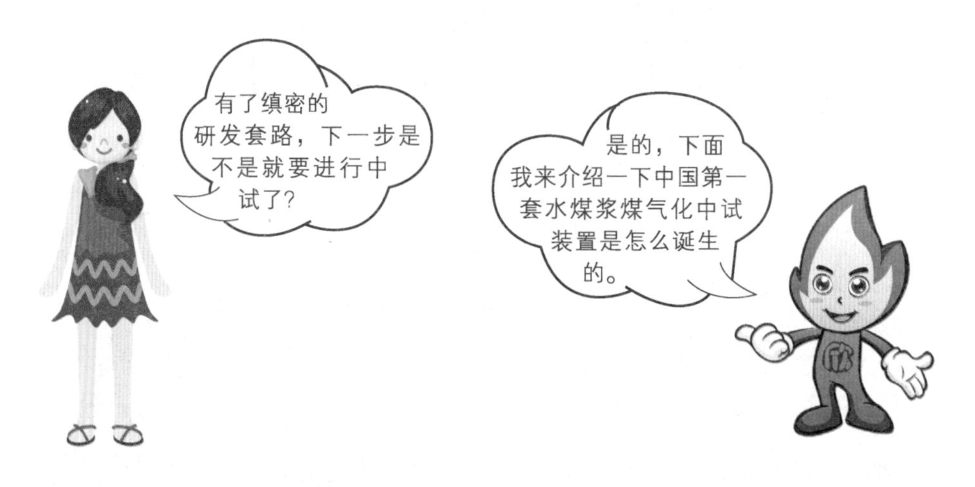

（一）齐心协力，完成中试研发

为了形成自主知识产权的煤气化技术，20世纪90年代后期，在原化工部科技司主持下，原国家计委批准立项，由工程中心联合华东理工大学、原化工部第一设计院联合承担“新型（多喷嘴对置式）水煤浆气化炉开发应用基础研究”国家“九五”重点科技攻关项目，于2000年6月在兖矿集团鲁南化肥厂的厂区内建成中国第一套自主知识产权，日处理22吨煤的新型（多喷嘴对置式）水煤浆气化中试

装置。从此，开始开展多喷嘴对置式水煤浆气化炉的中试研究。中试装置采用集散控制系统，调节自如，安全可靠。

● 主体建设情况

主体包括液氧加压及气化、原料贮运及水煤浆制备、水煤浆气化和双功能控制室 4 部分。主要建筑安装实物工程量：厂区总建筑面积约为 1237 米^2，安装设备 41 台，工艺管线 5088.2 米，电缆敷设 21489 米，工程实际总投资 2018.46 万元。

● 配套建设内容

配套建设包括液氧贮存气化装置、液氧泵、低压煤浆泵、称量给料机、照明等。

● 主要技术、工艺路线及形成能力

中试采用的主要技术是我国自主研发的四喷嘴对置式水煤浆气化技术，采用的工艺路线如图 3－12 所示。其中气化后的固态产物——灰渣先进激冷室，然后落入锁斗进入捞渣机；气态产物——饱和水煤气要先进气化炉激冷室然后经文丘里洗涤器和合成气洗涤塔洗涤后进入生产系统。气化所用氧气是怎么来的？首先，液氧经液氧泵到液氧蒸发器变为气态氧之后进入烧嘴，蒸发塔中出来的酸性气先经过冷却分离器，最后进入火炬燃烧变成无害气体后排入大气。

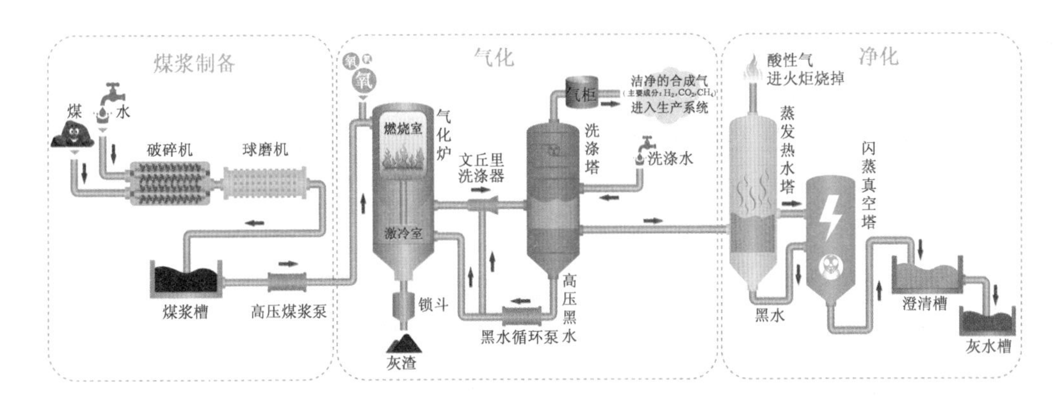

图 3－12　四喷嘴对置式水煤浆气化技术工艺流程简图

多喷嘴对置式水煤浆气化中试的煤炭处理能力为22吨煤（干基)/天。中试现场如图3－13所示。

图3－13　中试现场部分装置

（二）承前启后，开启自主创新新篇章

功夫不负有心人。2000年10月11日上午，在原国家石油和化学工业局的主持下，在现场考核专家组的见证下，多喷嘴对置式水煤浆气化中试装置顺利通过现场72小时考核。考核结果及其与引进水煤浆气化技术的比较见表3－1。

从表3－1中可以看出，在相同工艺条件下，新型气化炉的中试装置指标全面超过Texaco炉中试装置；与引进技术相比，它的技术指标普遍优于陕西渭河与上海吴泾生产装置；即使在煤浆浓度偏低（低2～3个百分点）的情况下，有效气体成分仍达到很高水平，碳转化率提高2～3个百分点，比氧耗、比煤耗均降低约7%。

所以，2000年10月，多喷嘴对置式水煤浆气化中试研究成果顺

表 3－1　新型气化炉中试装置考核结果及其与 Texaco 水煤浆气化炉操作指标比较

	新型气化炉中试装置	Texaco 炉中试装置	鲁南生产装置		上海吴泾生产装置	陕西渭河生产装置
生产能力/吨煤·(天·炉)$^{-1}$	~22	~15	~400	~400	~500	~800
操作压力/兆帕	~2.0	8.5	~3.0	~3.0	~4.0	~6.5
煤浆浓度/%	~61	61	62~64	~65	60	62
有效气体成分($CO+H_2$)/%	~83	80~81	81.4	83	~80	~80
碳转化率/%	>98	~95	—	~95	~95	~95
比氧耗/标米^3 O_2·[1000 标米^3 ($CO+H_2$)]$^{-1}$	~380	~410	—	~410	~410	~410
比煤耗/千克煤·[1000 标米^3 ($CO+H_2$)]$^{-1}$	~550	~600	—	~590	~640	~630
干气产率/标米^3 干气·千克煤$^{-1}$	~2.19	~2.06	—	~2.04	~1.95	~1.98

利通过了中国石油和化学工业协会组织的鉴定，专家们一致认为“填补国内空白”和“国际领先”：有效气体成分达到83%；碳转化率大于98%；比煤耗、比氧耗均比引进装置降低7%。2001年，该项目荣获国家科学技术部、财政部、国家发展和改革委员会、国家经济贸易委员会联合颁发的“九五”攻关优秀成果奖。

这是具有完全自主知识产权的、国际首创的、居于水煤浆气化领域国际领先水平的多喷嘴对置式水煤浆气化技术，该技术工业中试的成功翻开了我国煤气化自主创新的新篇章！

四、国家责任——工业化示范

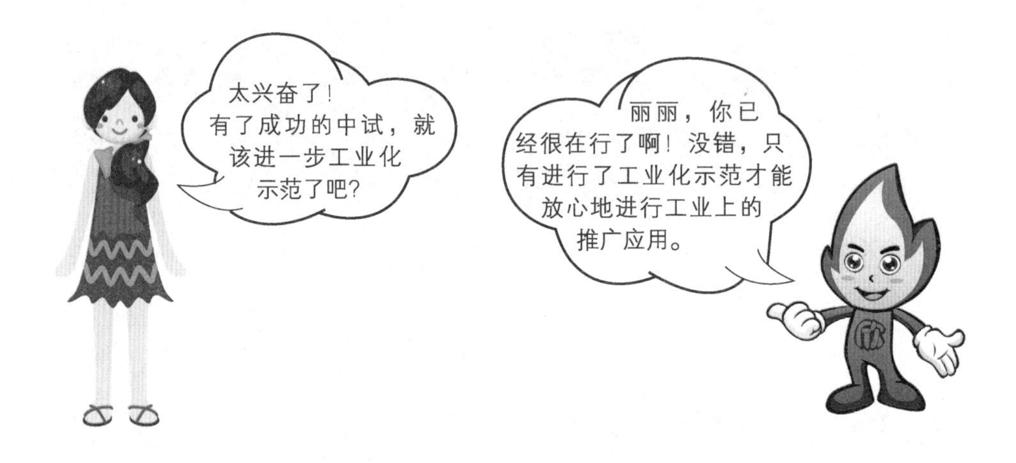

（一）不忘初心，砥砺前行

● 技术工艺工业化示范

如前所述，“九五”期间，兖矿集团与华东理工大学、中国天辰化学工程公司共同承担了国家重点科技攻关课题“新型（多喷嘴对置）水煤浆气化炉开发”，成功开发出了多喷嘴对置式水煤浆气化炉的中试研究。

为了乘胜追击，他们不忘振兴民族煤气化技术的初心，继续砥砺前行，在“十五”期间，依托工程中心，兖矿集团有限公司、华东理工大学又共同承担了国家高技术研究发展计划（“863”计划）重大课题——“新型水煤浆气化技术”。在兖矿国泰化工有限公司建设了多喷嘴对置式水煤浆气化技术工业装置及配套工程，总投资 16 亿元。采用 2 套日处理 1150 吨煤多喷嘴对置式水煤浆气化装置（4.0 兆帕）配套生产 24 万吨甲醇/年、联产 71.8 兆瓦发电，进行多喷嘴对置式水煤浆气化技术的工业示范。

多喷嘴对置式水煤浆气化技术工艺的技术特点是采用多喷嘴对置式水煤浆气流床气化炉及复合床煤气洗涤冷却设备；以及分级净化

的煤气初步净化工艺和蒸发分离直接换热式含渣水处理及热回收工艺。

该工艺空分装置由中国华陆工程公司设计，气化装置由中国天辰化学工程公司设计。示范装置于2003年5月1日正式开工建设，由中国化学工程第三建设公司负责气化装置、空分装置的建设。气化炉由哈尔滨锅炉厂制造，耐火砖由洛阳耐火材料研究院高耐厂、新乡耐火材料厂生产，6万标米^3/时空分装置由法国液空有限公司生产。

该气化装置于2005年7月21日一次投料成功，一次打通整个工艺流程，并按计划完成80小时连续、稳定运行。在空分装置具备条件正式投运后，多喷嘴对置式水煤浆气化装置于2005年10月16日13:08投料成功，10月17日1:52打通全部工艺流程，生产出甲醇。

多喷嘴对置式水煤浆气化装置的优点如图3－14所示。

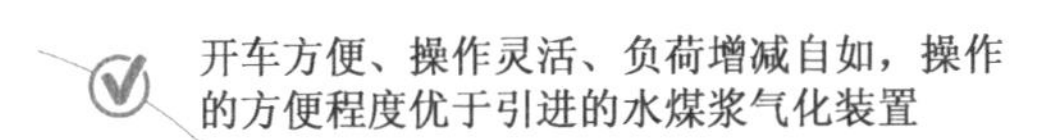

图3－14 多喷嘴对置式水煤浆气化装置的优点

2005年11月30日，在一对喷嘴运行、系统压力3.0兆帕的条件

下，A 号气化装置成功地进行了另一对喷嘴的带压连投，这极大丰富了多喷嘴对置式水煤浆气化技术的操作经验，为提高整个生产系统的操作稳定性、连续性等奠定了坚实基础。现带压连投操作已极为娴熟。

● *经受示范装置严格的现场考核*

工业化示范运营的效果如何？中国石油和化学工业联合会组织现场考核专家组于 2005 年 12 月 11—18 日在兖矿鲁南化工对“多喷嘴对置式水煤浆气化技术”进行了现场工业运行考核。多喷嘴对置式水煤浆气化工业装置以北宿精煤为原料，现场考核的主要技术指标见表 3 – 2。

表 3 – 2　现场考核的主要技术指标

比煤耗	535 千克煤/1000 标米^3（$CO+H_2$）
合成气有效成分（$CO+H_2$）	84.9%
碳转化率	>98%
气化压力	4.0 兆帕
气化温度	~1300 ℃
气化装置规模	1150 吨煤/天

我国自主研发的多喷嘴对置式水煤浆气化工业装置与兖矿鲁化引进德士古工业装置所采用的原料煤种相同，其与国内引进水煤浆气化技术生产装置性能指标比较见表 3 – 3。

现场考核数据证实，装置性能与技术指标达到了国际领先水平。与国外水煤浆气化技术相比，四喷嘴水煤浆气化技术的特点和优势有以下 5 个方面。

◆ 四喷嘴对置式气化炉和新型预膜式喷嘴的气化效率高，技术指标先进。与采用国外水煤浆气化技术的兖矿鲁南化工同期运行结果

表 3 – 3　成果工艺指标及其与引进技术的比较

	装置能力/吨煤·(天·炉)$^{-1}$	有效气体成分($CO+H_2$)/%	比氧耗/标米$^3O_2$·[1000 标米^3($CO+H_2$)]$^{-1}$	比煤耗/千克煤·[1000 标米^3($CO+H_2$)]$^{-1}$	碳转化率/%	备　注
本技术	~1150	84.9	309	535	>98	采用北宿精煤，煤浆浓度为(质量分数)~60%
兖矿鲁南化肥厂	~400	~82	~336	~547	~95	采用北宿精煤,煤浆浓度为~63%
上海焦化有限公司	~500	81	412	638	~95	采用神府煤，煤浆浓度为~62.5%
渭河化肥厂	~750	78	415	627	~95	采用华亭煤，煤浆浓度为~60%
安徽淮化集团	~500	77	425	708	~95	采用华亭、义马混煤，煤浆浓度为~62%

相比，有效气体成分提高 2 ~ 3 个百分点，CO_2 含量降低 2 ~ 3 个百分点，碳转化率提高 2 ~ 3 个百分点，比氧耗降低 7.9%，比煤耗降低 2.2%。

◆ 四喷嘴对置式气化炉喷嘴之间的协同作用好，气化炉负荷可调节范围大，负荷调节速度快，适应能力强，有利于装置大型化。

◆ 复合床洗涤冷却技术热质传递效果好，液位平稳，避免了引进技术的带水带灰问题。

◆ 分级式合成气初步净化工艺节能、高效。表现为系统压降低，分离效果好，合成气中细灰含量低（小于 1 毫克/标米^3）。

◆ 渣水处理系统采用直接换热技术，热回收效率高，克服了设备易结垢和堵塞的缺陷。

2006 年 1 月 8 日，兖矿集团和华东理工大学在工程中心共同研发的多喷嘴对置式水煤浆气化技术在北京通过了中国石油和化学工业联合会组织的专家鉴定，得到了全体专家的一致肯定，形成了我国自主知识产权的多喷嘴对置式水煤浆气化装置，打破了国外技术的长期垄断。

（二）新时代弄潮儿，引领水煤浆气化技术发展

我国自主研发的多喷嘴水煤浆气化技术在国家“973”“863”等科技计划的支持下，历经 10 余年“产、学、研”联合攻关，通过系统的基础研究、技术开发和工程应用，突破了水煤浆气化大型化、高效率、长周期稳定运行等关键技术瓶颈，形成大型高效多喷嘴水煤浆气化成套技术，成为世界领先的煤气化主流技术之一。

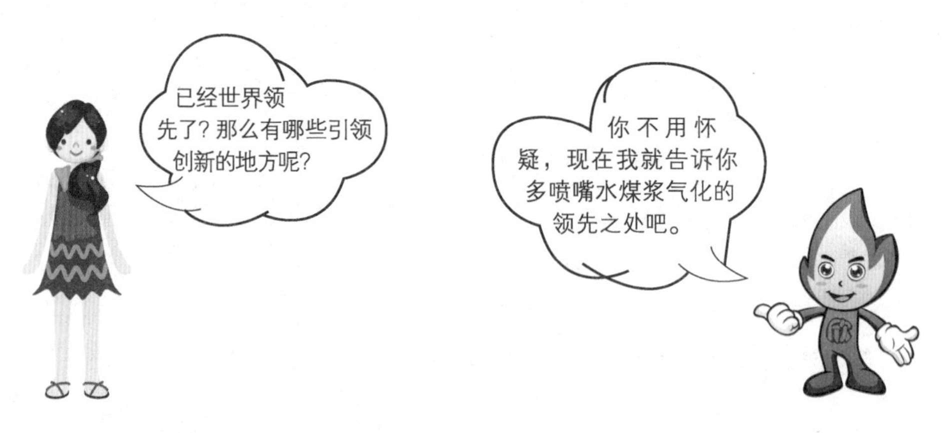

● 多喷嘴水煤浆气化的引领创新之处

◆ 通过自主研发，首次揭示了大型水煤浆气化炉内三维温度场及火焰脉动特征，发现了气化炉撞击流驻点偏移规律，确立了基于速

度场、温度场和停留时间分布等多目标耦合的气化炉放大准则。发明了基于气化炉流场、温度场调控和混合过程强化的大型高效水煤浆气化炉，建成了国际上最大的水煤浆气化装置。

◆ 提出了大型水煤浆气化炉耐火衬里区域化结构设计方法，发明了分段支撑的气化炉耐火衬里结构；开发了一种“薄端部、低回流”的高效长寿命气化喷嘴，独创了气化炉在线无波动切换技术，突破了气化装置长周期稳定运行的技术瓶颈。气化炉耐火砖总体寿命延长 2 倍以上，气化喷嘴寿命从 60～70 天提高到 90～152 天，创造了气化装置连续稳定运行 511 天的世界纪录。

◆ 建立了气化炉数学模型，开发了气化过程模拟软件，对水煤浆气化大型化成套工艺进行了系统创新和优化集成。发明了模块化洗涤冷却室气泡分割器、带扩口抗结渣的洗涤冷却器、固阀与泡罩相结合的水洗塔塔盘等系列关键技术，实现了高温合成气的高效洗涤。合成气洗涤系统连续运行时间提高 1 倍以上，洗涤后合成气中细灰含量低于 1 毫克/标米^3。

◆ 揭示了气化条件下煤中矿物质熔融特性和熔渣黏度的变化规律，形成了大型水煤浆气化炉选煤、配煤的新方法；发明了低阶煤成浆技术，解决了低阶煤用于水煤浆气化的技术难题，拓展了大型水煤浆气化技术的煤种适应性。

兖矿集团与华东理工大学自主研发的多喷嘴水煤浆气化技术工艺，目前已授权发明专利 18 项，其中美国专利 1 项、欧洲专利 1 项；获得软件著作权 1 项，形成国家标准 1 项，发表 SCI 论文 50 篇，出版著作 2 部。与国际先进技术相比，气化后的有效气体成分提高了 3 个百分点，碳转化率提高了约 4 个百分点，比氧耗降低了 10.2%，比煤耗降低了 2.1%，各项技术指标国际领先。

自主研发的具有自主知识产权的多喷嘴对置式新型气化炉，为国际首创，已向美国最大的炼油企业——Valero 能源公司和韩国 TENT 公司实施了技术许可。

● 多喷嘴水煤浆气化突出优势

多喷嘴水煤浆气化在水煤浆气化技术领域具有无可比拟的优势，主要优势如图3－15所示。

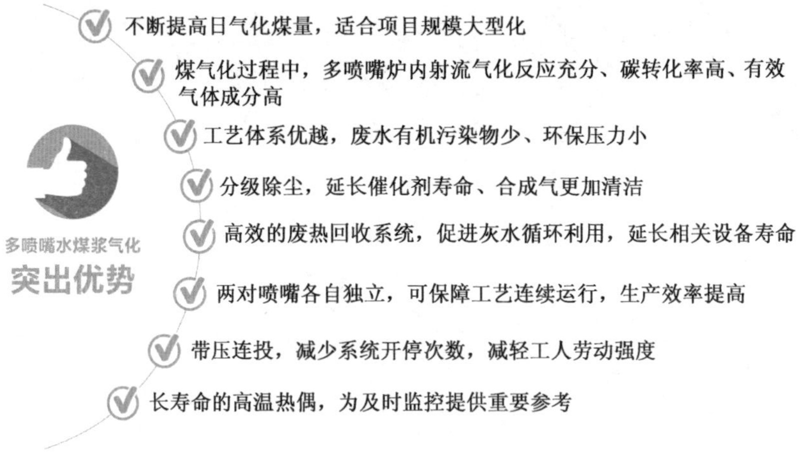

多喷嘴水煤浆气化突出优势

- 不断提高日气化煤量，适合项目规模大型化
- 煤气化过程中，多喷嘴炉内射流气化反应充分、碳转化率高、有效气体成分高
- 工艺体系优越，废水有机污染物少、环保压力小
- 分级除尘，延长催化剂寿命、合成气更加清洁
- 高效的废热回收系统，促进灰水循环利用，延长相关设备寿命
- 两对喷嘴各自独立，可保障工艺连续运行，生产效率提高
- 带压连投，减少系统开停次数，减轻工人劳动强度
- 长寿命的高温热偶，为及时监控提供重要参考

图3－15　多喷嘴水煤浆气化技术的突出优势

优势一：不断提高日气化煤量，适合项目规模大型化

根据多喷嘴对置式水煤浆气化炉的结构特点，在同一水平面上布置四只喷嘴，每只喷嘴仅需分担相对较小的负荷，便可达到整炉较大的处理能力，在规模大型化方面具有明显的优势，特别是在1500吨以上的气化炉投资及运行方面优势突出。单喷嘴气化炉仅有一只工艺喷嘴，在操作压力确定的情况下，加大生产能力需要增加喷嘴间隙，而较大的喷嘴间隙会影响雾化效果，造成碳转化率降低，因而提高气化负荷会受到限制。目前国内投用的单喷嘴水煤浆加压气化炉单炉日投煤量超过1500吨的数量很少，而已运行的1500吨及1500吨级以上的多喷嘴气化炉已达到14台，其中单炉能力2000吨/天的气化炉有5台，建设中最大的气化炉日投煤量达到4000吨。

日气化煤量的提高，为气化炉大型化创造了条件，同时适合煤化

工项目规模大型化，从而有效降低气化炉等关键设备的投资额度。

优势二：煤气化过程中，多喷嘴炉内射流，气化反应充分、碳转化率高、有效气体成分高

影响碳转化率的因素很多。气化炉炉型确定后，气化炉的操作炉温、入炉煤浆粒度分布、工艺喷嘴的雾化效果、物料在炉内的停留时间等都是主要因素，其中喷嘴的雾化效果和物料停留时间对其影响较大。多喷嘴对置式气化炉采用预膜、外混式三通道喷嘴，三股物流射出喷嘴，煤浆的内外侧为高速流动的氧气，氧气通过高速剪切、振动等方式使煤浆实现初级雾化，初级雾化的物料再相互撞击形成二次雾化，增强了雾化效果，提高了物料在炉内停留时间，避免了部分物料从喷嘴口直接运动到渣口形成短路，增强了气化炉内介质的传质传热，有利于气化反应的进行，煤气中的有效气体成分（CO 和 H_2）含量高，最高可达 84%，渣中可燃物含量低，一般在 5% 以下。

而单喷嘴顶喷气化炉由于垂直下喷，物料在炉内停留时间相对较短，如煤浆颗粒较大或气化炉负荷过高（会造成雾化不好），部分原料煤来不及完全转化便通过渣口排出燃烧室外，因此碳的转化率会相对低一些，炉渣中残碳含量会相对高些，一般为 20% ~30%。通过对部分工况相近的装置运行数据对比，相同工况下的多喷嘴气化炉比单喷嘴气化炉有效气体成分高 2 ~3 个百分点，而渣中可燃物一般较相同工况下的单喷嘴气化炉低 10 ~20 个百分点。

在甲醇（或氨）生产中，原料煤的成本占总成本的 60% 左右。多喷嘴对置式气化炉由于有较高的碳转化率和有效气体成分，吨甲醇（氨）耗煤同比低 4% ~5%，煤的综合利用率高于其他水煤浆气化炉型，加之有较高的有效气体成分，长期运行将带来可观的经济效益。

优势三：工艺体系优越，废水有机污染物少、环保压力小

由于多喷嘴对置式水煤浆气化炉碳转化率高，渣中含碳量低，气化渣和滤饼黏度低，所以更容易进行渣、水分离，有利于现场的清洁管理，真空过滤机排出的滤液可全部用来研磨煤浆，从而有效减轻环保的压力。

根据对几套运行装置的统计，在保证水系统正常浓缩倍数的情况下，处理每吨煤产生的废水量约为0.3吨。由于经过高温反应，排水中酚类、焦油等有机污染物基本没有，氨氮含量也较少，这些污水对污水处理工艺要求较低，经过常规处理即可以实现全部回收利用或达标排放。

在目前运行的多套装置上，制浆系统还可以采用有机物含量高、难于处理的精馏、合成废水作为工艺水制取水煤浆，有效降低了污水处理系统的压力，减少了废水排放，节约了水资源。

优势四：分级除尘，延长催化剂寿命、合成气更加清洁

气化炉出口的粗煤气含有较多的飞灰，由于飞灰亲水性较差，很难被润湿增重从而依靠重力实现固液分离。根据粗煤气的这一特点，多喷嘴气化炉系统粗煤气净化采用分级洗涤除尘方式。高温煤气经洗涤冷却室冷却降温除渣后先进入混合器，在混合器内和水充分接触润湿，然后经旋风分离器分离出约80%的固体颗粒，再在水洗塔内进行二次洗涤。采用这种分级洗涤除尘方式，可确保煤气的洗涤效果，防止煤气带灰进入变换炉，从而延长变换催化剂寿命，降低变换炉阻力。此外，由于采用分级洗涤除尘，入水洗塔的合成气含尘量较少，使水洗塔洗涤水中含固体颗粒量大幅降低，从而保证气化炉激冷水的质量，可有效防止激冷环内结垢堵塞现象的发生。

单喷嘴气化炉的粗煤气经文丘里洗涤器加湿后直接进入洗涤塔。合成气洗涤基本都是在洗涤塔内完成的，当大流量合成气洗涤时效果会受到影响。同时，单喷嘴气化装置合成气中的细灰大量存在于洗涤塔中的洗涤水内作为气化炉激冷水使用，必将增加进入气化炉激冷水系统的细灰含量，从而增加激冷水管线及激冷环结垢堵塞的机会。

优势五：高效的废热回收系统，促进灰水循环利用，延长相关设备寿命

多喷嘴对置式气化技术采用直接换热式废热回收工艺。从气化

炉、旋风分离器、水洗塔出来的3股黑水减压后进入蒸发热水塔蒸发室，黑水在蒸发室进行闪蒸，闪蒸出的水蒸气通过上升管进入蒸发热水塔上部热水室填料层（或塔盘），与低压灰水直接换热，低压灰水被加热后作为合成气洗涤水使用。使用这种回收热量技术，闪蒸汽和灰水温差小，热回收效率高。另外，蒸发热水塔填料层（或塔盘）运行周期较长，清理比较简单。

单喷嘴气化炉的热量回收多采用换热器进行，由于换热器换热面积相对较小，阻力大，且易出现结垢堵塞，因此热量回收率相对较低，设备清理也较困难，部分单喷嘴气化装置设有备用灰水加热器，运行约60天便需将运行灰水加热器退出清理，工作量大。

优势六：两对喷嘴各自独立，可保障工艺连续运行，生产效率提高

由于多喷嘴对置式气化炉的两对喷嘴有各自独立的控制系统，在气化炉运行过程中一对喷嘴因非喷嘴原因停止运行后，另外一对喷嘴可以正常工作维持后系统的生产，后系统只减少单台炉1/2的气量，停止运行的一对工艺喷嘴通入高压氮气进行保护，消除停车故障后，在高压下进行投料恢复正常生产。

单喷嘴气化炉一旦停车，则后系统要减少一台炉的气量供应，影响较大，单喷嘴气化炉因非喷嘴原因停车后，虽然也可在高压下进行投料，但此时气化炉已无合成气产生，对后系统已产生较大影响，因此其意义不大，仅限于减少了开、停车的时间及工作量方面。

优势七：带压连投，减少系统开停次数、减轻工人劳动强度

气化炉进行带压连投过程中，通过特有的物料压力调节流程，控制氧气及煤浆的压力高于气化炉的操作压力一定值，再通过精确控制安全系统阀门的动作时间及顺序，可以保证物料正常进入气化炉内，其整个过程均是在可控的状态下进行的，因此安全系数较高，实际操作的成功率达到100%。带压连投技术在已投入运行的多喷嘴气化装置上已得到成功应用。

另外，根据有关资料的统计，生产装置 80% 的事故发生在系统开、停车过程中，带压连投技术减少了后系统开、停车次数，在给用户带来巨大经济效益的同时，还大大减轻了操作、维修人员的劳动强度，在一定程度上避免了事故的发生。

优势八：长寿命的高温热偶，为及时监控提供重要参考

多喷嘴对置式水煤浆气化炉的流场决定了气化炉高温热偶寿命较长，在多数投入运行的多喷嘴气化炉上，其热偶寿命不少已超过了 3 个月，为及时监控、调节气化炉提供了重要的参考依据。长寿命的高温热偶对新投入运行的生产厂家尤其重要，可大大缩短操作人员掌握气化炉运行规律的时间，有利于装置的安全稳定运行。

目前单喷嘴气化炉高温热偶的使用寿命一般不超过半个月，寿命短的只有数小时。

第四篇　水煤浆气化民族品牌的创立

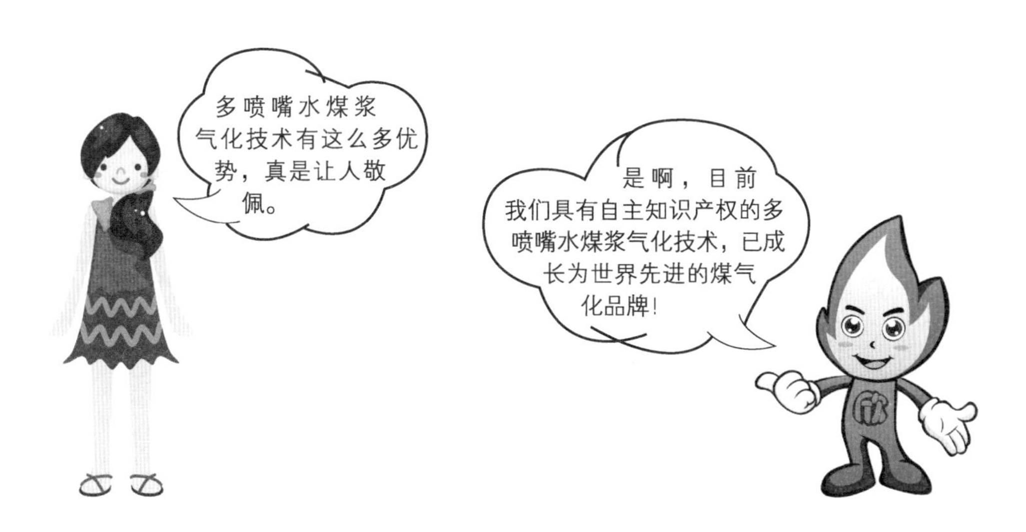

经过长期科技攻关，在水煤浆气化领域，兖矿集团联合华东理工大学等科研院所已成功走出了一条“引进、消化、吸收、再创新”的逆袭之路，不仅创立了拥有自主知识产权的水煤浆气化的民族品牌，而且以技术许可的方式向国外发达国家输出该技术，让国人振奋，让世界瞩目。使得我国在水煤浆气化领域，形成完整的气化理论体系，研究开发出自主知识产权的技术工艺及其装备，并且达到国际领先水平。

一、艰难困苦，玉汝于成

多喷嘴水煤浆气化技术的研发是一个系统工程，包含了工艺技术、设备及控制等多方面的创新，将各种创新集成起来才有了成套技术，实现自主创新。因此，在研发过程中取得了多项成果，实现了对国外技术的超越。

（一）掌握核心技术，高扬自主创新旗帜

20世纪80年代末，我国开始引进德士古水煤浆气化技术，随后，德国科林气化技术、荷兰壳牌干煤粉气化技术也纷纷登陆中国。也正因如此，人们戏称中国是世界煤气化技术的博览会，是国外煤气化技术的试验场。而长期使用国外专利技术，也使得我国企业支付了巨额的专利使用费。

煤气化的核心技术、关键设备、专利产权均掌握在这些化工巨头手中，我国在煤气化技术领域没有任何的话语权。因此兖矿集团与华东理工大学等国内顶尖高校和科研机构合作，通过持续研发，树立起自己的煤气化品牌，扭转了这种落后的局面，逐步掌握了煤气化的关键技术，同时在自动控制、大型压力容器制造、高压氧阀等领域带动了行业的进步。

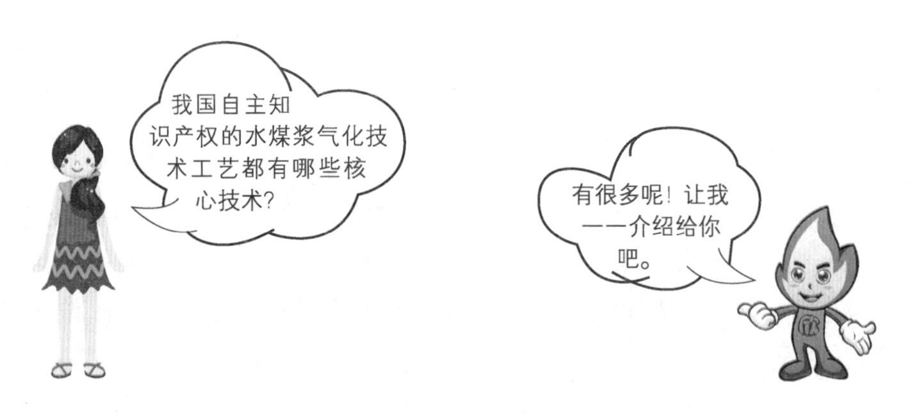

核心技术一：大型水煤浆气化过程成套工艺集成创新

研究人员首先通过过程模拟，对气化系统进行了集成优化；再基于多喷嘴气化炉流场结构特征，建立了气化炉数学模型，考察了粒径各异的煤颗粒在气化炉不同区域的反应特性，获得了气化炉内温度、浓度分布，如图4-1所示；并且，通过气化系统的动态模拟，

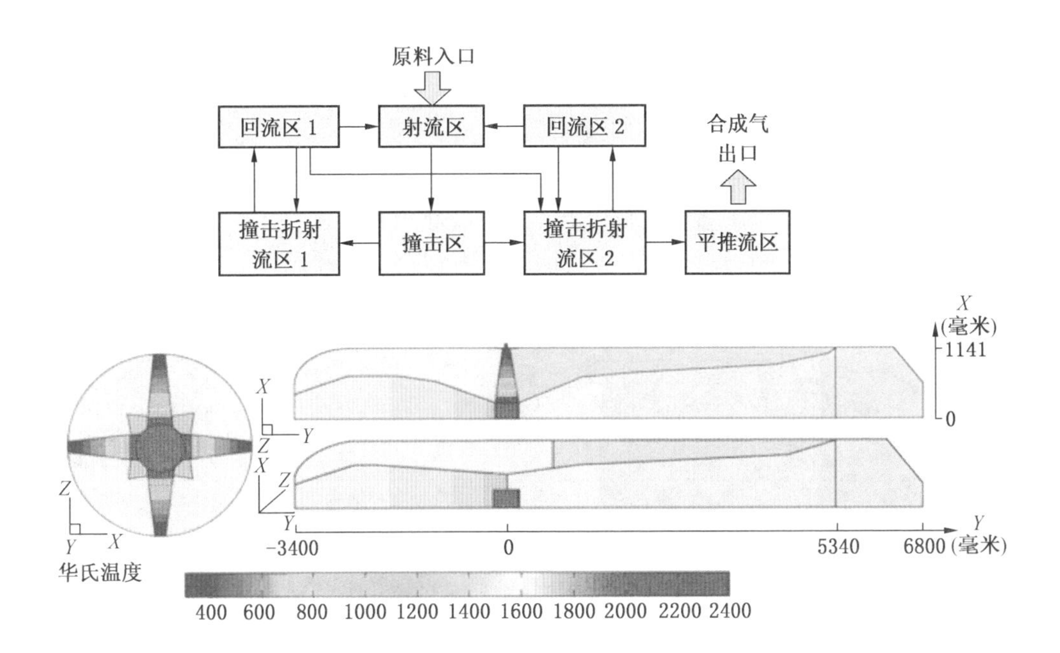

图 4－1　水煤浆气化炉数学模型示意图

获得了系统瞬态特性和扰动响应特征，为大型气化系统操作提供了理论指导。

同时，研究人员还对大型水煤浆气化过程成套工艺进行了集成创新。基于气化炉出口合成气携带熔渣、飞灰的颗粒特性，利用系统集成优化的方法，对合成气初步净化及渣水处理系统进行了系统创新，形成了大型水煤浆气化过程成套工艺（图 4－2）。开发了模块化的洗涤冷却室气泡分割设备，强化了热质传递过程；发明了带旋流结构混合洗涤器，实现了飞灰颗粒的高效分离；开发了固阀与泡罩相结合的高效水洗塔塔盘，提高了合成气中细灰脱除效率；创新了蒸发热水塔气液接触方式，提高了热量回收效率。新工艺克服了灰渣分离效率低、系统易堵渣等工程问题，支撑了装置的长周期稳定运行。

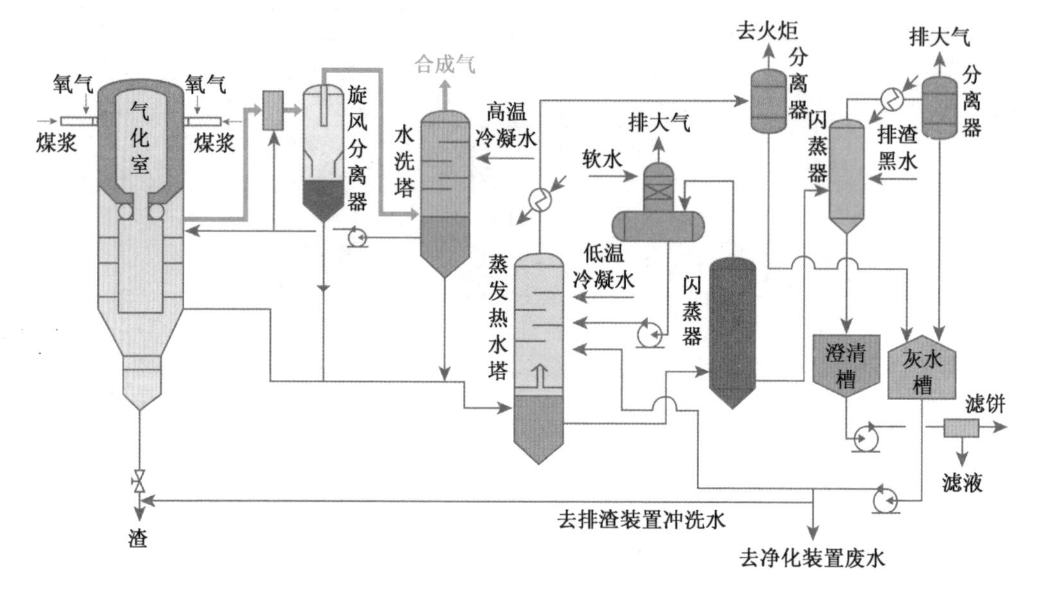

图 4－2　大型水煤浆气化成套工艺系统示意图

知识链接：动态模拟、固阀与泡罩

动态模拟：是一种变化的状态，模拟得到的结果是随时间而变化的过程。与之相对应的是静态模拟，很显然，动态模拟得到是不随时间而变化稳定运行的模拟结果。

固阀与泡罩：是化工精馏塔中两种结构形式，主要用于混合物质的分离。这里用于气、液物质的充分接触，液体可以获得更多热量。

合成气洗涤系统连续运行时间从 8000 小时提高到 16000 小时以上，系统压降从 320 千帕下降到 150 千帕。合成气洗涤效率显著提高，洗涤后合成气中细灰含量低于 1 毫克/标米^3。

核心技术二：多喷嘴对置式水煤浆气化炉

研究人员独创性地将撞击流理论应用于气化炉结构形式与喷嘴配

置，通过将多个气化烧嘴对置布置，使其产生射流撞击，形成具有高度湍流的撞击区，使水煤浆与氧气实现良好混合，从而进一步提高气化效率。其气化炉内流场示意图和获得的发明证书分别如图 4 -3 和图 4 -4 所示。

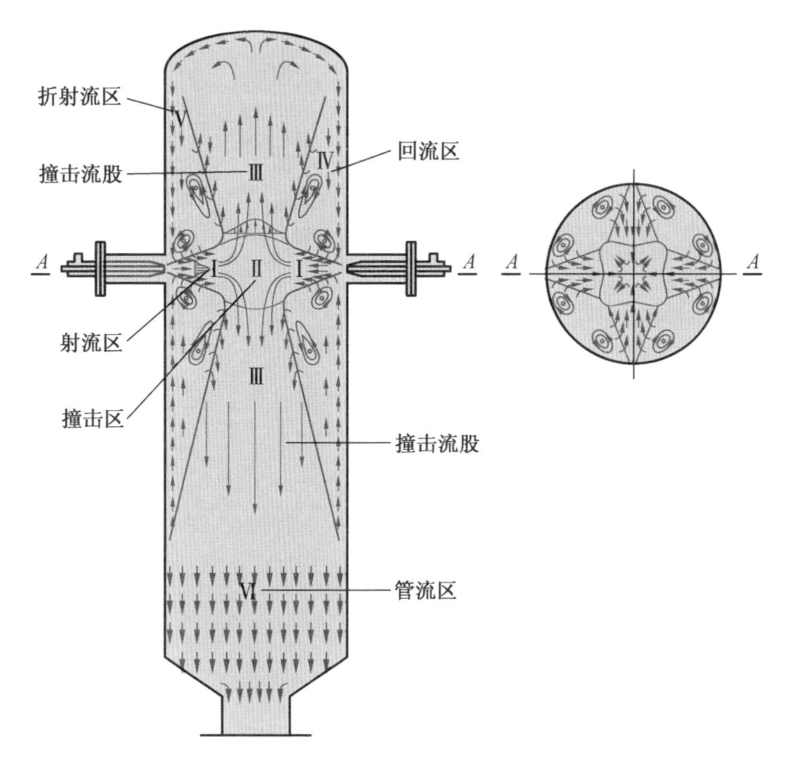

图 4 -3　多喷嘴对置式气化炉流场示意图

水煤浆、氧进入气化室后，相继进行雾化、传热、蒸发、脱挥发分、燃烧、气化等 6 个物理和化学过程，前 5 个过程速度较快，在图 4 -3 的射流区、撞击区、撞击流股区、回流区、折返流区 5 个流型区域中已基本完成，而气化反应除在上述 5 区域中进行外，主要在管流区中进行。

同时，研究人员还对多喷嘴对置式水煤浆气化炉内气化过程进行了数值模拟，形成了气化炉炉膛空间结构设计理论，用于指导炉膛内

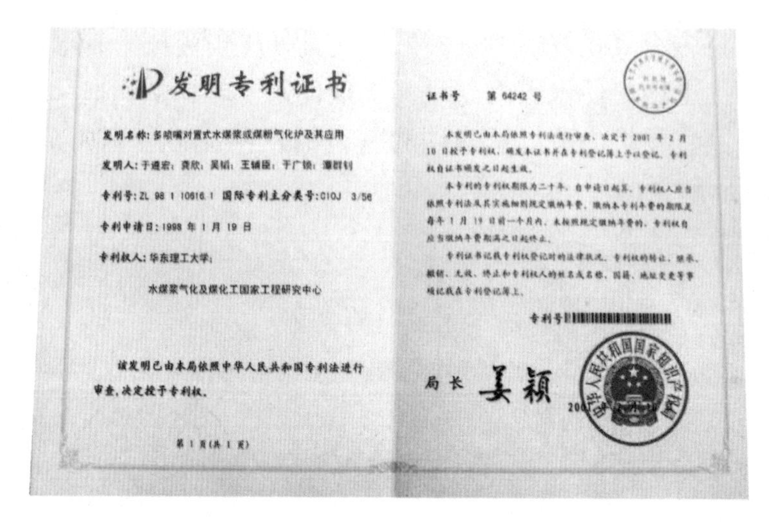

发明专利证书

发明名称：多喷嘴对置式水煤浆或煤粉气化炉及其应用

发明人：于遵宏；龚欣；吴韬；王辅臣；于广锁；[illegible]

专利号：ZL 98 1 10616.1　国际专利主分类号：C10J 3/56

专利申请日：1998 年 1 月 19 日

专利权人：华东理工大学；

水煤浆气化及煤化工国家工程研究中心

该发明已由本局依照中华人民共和国专利法进行审查，决定授予专利权。

第 1 页(共 1 页)

证书号　第 64242 号

本发明已由本局依照专利法进行审查，决定于 2001 年 2 月 10 日授予专利权，颁发本证书并在专利登记簿上予以登记。专利权自证书颁发之日起生效。

本专利的专利权期限为二十年，自申请日起算。专利权人应当依照专利法及其实施细则规定缴纳年费。缴纳本专利年费的期限是每年 1 月 19 日前一个月内。未按照规定缴纳年费的，专利权自应当缴纳年费期满之日起终止。

专利证书记载专利权登记时的法律状况。专利权的转让、继承、撤销、无效、终止和专利权人的姓名或名称、国籍、地址变更等事项记载在专利登记簿上。

专利号

局长　姜颖

200

图 4 –4　多喷嘴对置水煤浆或煤粉气化炉及其应用发明专利证书

部空间结构、喷嘴安装位置、上部空间高径比等关键参数的设计。

核心技术三：预膜式水煤浆气化喷嘴

预膜式水煤浆气化喷嘴分内外两层，内烧嘴与中间烧嘴和外烧嘴端部的距离差值较小，烧嘴前端内部没有设置预混合区域，所以中心氧气与水煤浆没有预混合过程，而是与水煤浆在内烧嘴与中间烧嘴出口位置先形成一层薄的煤浆膜，煤浆膜在外烧嘴出口处受到外环隙氧气高速气流的剪切作用更有利于煤浆雾化。

由于多喷嘴气化烧嘴的中心氧管与中间烧嘴之间的空间较小，不能形成混合雾化区域而只能形成一层煤浆膜，降低了水煤浆对中间烧嘴的冲击，在很大程度上降低了水煤浆对中间烧嘴的磨损。同时多喷嘴气化炉的气化效率高于单喷嘴德士古气化炉，其主要原因是对置的气化烧嘴所形成的对冲撞击可以增强水煤浆的雾化效果及氧煤混合效果，有效保证煤浆在炉内得到充分气化，提高煤的碳转化率。多喷嘴水煤浆气化预膜式喷嘴实物如图 4 –5 所示。

核心技术四：研发出新型耐火砖结构，独创大型水煤浆气化炉在线无波动切换技术

(a) 喷嘴装配实物图

(b) 喷嘴头部实物图

图 4－5　多喷嘴水煤浆气化预膜式喷嘴实物图

在气化炉的火焰结构、撞击火焰高度与温度分布特征基础上，优化了耐火砖的结构设计，避免了高温气体和熔渣侵蚀耐火砖。气化炉燃烧室原设计的耐火砖为三层，改进后新型气化炉拱顶部分耐火砖由原设计的三层变为两层，如图 4－6b 所示，其结构不仅简化，还增加了向火面砖的厚度，延长了拱顶部分耐火砖的使用寿命。气化炉拱顶部位的耐火砖寿命从 6000 小时提高到 10000～16000 小时，直筒段部位的耐火砖寿命从 15000 小时提高到 30000～50000 小时。

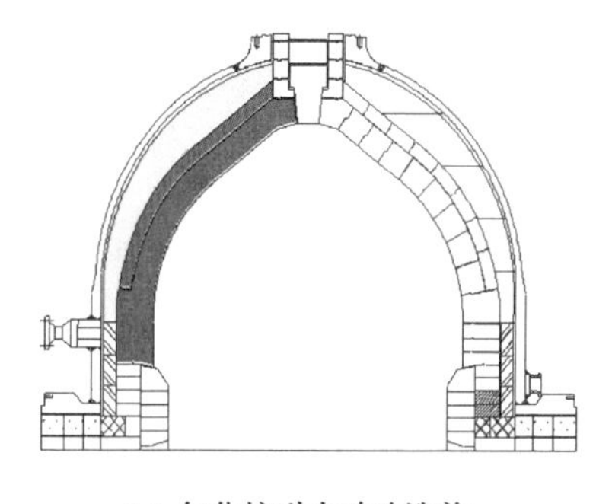

(a) 气化炉耐火砖改造前

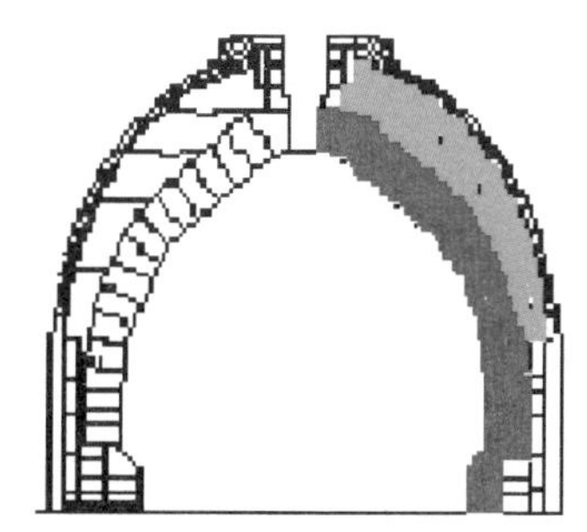

(b) 气化炉耐火砖改造后

图 4－6　耐火砖改造前后示意图

同时，研究人员还创新出大型水煤浆气化炉新的操作方法——在线无波动切换技术。基于大型化四喷嘴对置水煤浆气化炉的结构特

点，提出了控制方面的新思路，实现了气化炉在线投料和无波动切换。即通过运行气化炉和备用气化炉的各自两对喷嘴相继停车和投运来实现气化炉切换。这项创新是水煤浆气化在工程技术上的重大突破，改变了水煤浆气化技术系统配置的传统模式，降低了气化系统的备用率，显著提高了气化炉的稳定性和在线率，实现了气化装置的长周期稳定运行。该技术已在多个国家申请了专利保护，其获得的知识产权证书如图 4 -7 所示。

(a) 气化炉在线投料发明专利证书

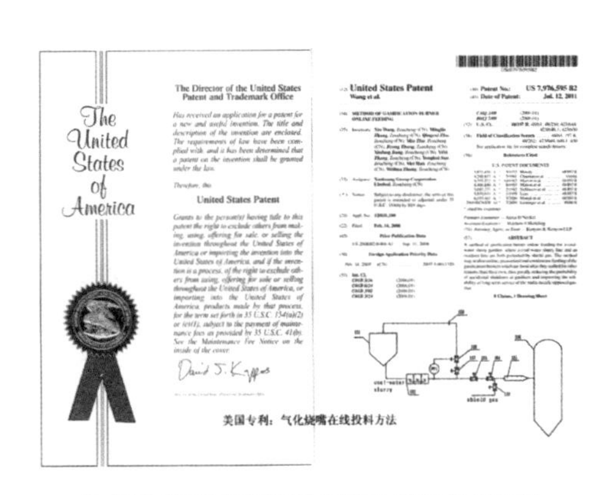

(b) 气化烧嘴在线投料方法专利证书(美国)

图 4 -7　大型水煤浆气化炉在线无波动切换技术专利证书

(二) 不断升级进阶，向更高目标进军

新型气化炉技术从日投煤22吨的中试装置到日投煤1150吨示范装置经历了10年，从国内单炉处理能力2000吨/天以上的水煤浆气化装置全部采用该项目技术到3000吨/天装置稳定运行，再到超大型水煤浆气化装置建设即将完成，又过去了13年。

20多年的持续创新，使得多喷嘴对置式新型气化炉技术不断成熟稳定，显著提升了我国现代煤化工行业的技术水平和国际竞争力，有力推动了煤化工产业的转型升级。其技术“进阶之旅”示意图如图4－8所示。

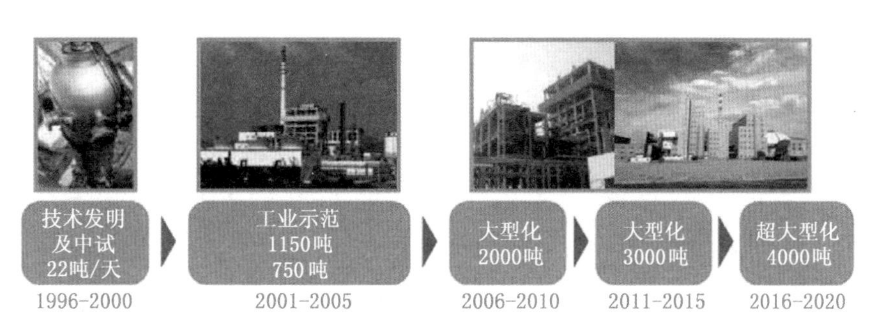

图4－8　新型（多喷嘴对置）水煤浆气化的“进阶之旅”示意图

艰难困苦，玉汝于成。新型（多喷嘴对置）水煤浆气化的“进阶之旅”是在国家“973”“863”等科技计划的支持下，“产、学、研、用”多方科技工作者历经20余年的不懈攻关取得的,是兖矿集团创新驱动战略结出的硕果,是兖矿人敢打敢拼的精神铸就的辉煌业绩。

● 第一阶段：中试研究——22吨/天中试研究

新型（多喷嘴对置）水煤浆气化炉是华东理工大学、水煤浆气化及煤化工国家工程研究中心（依托单位兖矿鲁南化肥厂）、中国天辰化学工程公司共同承担的国家“九五”重点科技攻关项目，日投煤量30吨，操作压力2.7兆帕。

2000年10月，新型（多喷嘴对置）水煤浆气化炉中试技术通过国家石油和化学工业局组织的考核，技术达到国际领先水平。

• 第二阶段：工业示范——单炉日投煤1150吨装置

中试装置在兖矿鲁南化工试车成功后，为发展中国自己的煤气化技术，形成具有完全自主知识产权的技术，“十五”期间兖矿集团有限公司在充分论证的基础上，依据以“项目带研发，以研发促项目”的思路，决定建设日处理1150吨煤的新型（多喷嘴对置）水煤浆气化炉及配套工程项目工业示范装置。

2005年10月，当时的兖矿国泰化工有限公司建成了两套日投煤1150吨、操作压力4.0兆帕的气化炉，配套生产甲醇和发电，国内首套使用IGCC发电系统。其厂区全景如图4－9所示。

图4－9　日投煤1150吨新型水煤浆气化炉投入生产应用

气化炉在初期暴露了很多工程方面的问题，兖矿集团和华东理工大学联合攻关，千方百计找对策，最终延长了气化炉配套设备设施的使用寿命，优化了气化炉操作，取得了气化炉连续运行周期511天的好成绩。

兖矿集团和华东理工大学为新型气化技术发展做出了巨大贡献，先后获得了2006年度中国石油和化学工业联合会科学技术进步特等奖和2007年度国家科学技术进步二等奖。

● 第三阶段：大型化——单炉日投煤2000~3000吨装置

以兖矿集团为课题承担单位，先后与国内科研机构和企业承担了国家“863”计划——“日处理2000吨煤新型水煤浆气化技术”和“日处理煤3000吨级的超大型气化技术示范装置的建设与运行”两项课题，解决了水煤浆气化大型化、高效率、长周期稳定运行等关键技术瓶颈，形成了高效水煤浆气化技术，气化炉日投煤量涵盖了1000吨、2000吨和3000吨系列等级。标志着我国自主大型煤气化技术示范取得重要突破，进一步加强了我国在国际大型煤气化技术领域的领先地位。这充分显示了兖矿集团作为国有大型能源化工企业的国家责任担当。图4-10所示为单炉日投煤3000吨的水煤浆气化工业装置。

图4-10　单炉日投煤3000吨的水煤浆气化工业装置

依托兖矿集团兖州煤业鄂尔多斯能化荣信化工项目建设的“3000吨/天级大型煤气化炉”，自2014年6月24日首次投料试运行就实现连续88天各项工艺参数运行正常、装置整体运行状况良好、经济技术指标先进、运行平稳的良好成果，为依托企业创造了较好的经济效益，在国内外产生了广泛影响。作为目前世界上单炉处理能力最大的水煤浆气化装置，该工业示范装置的成功运行进一步确立了多喷嘴对置式水煤浆气化技术的国际领先地位。"大型高效水煤浆气化过程关键技术创新及应用"获得2016年度国家科学技术进步二等奖。

- 第四阶段：超大型化——单炉日投煤4000吨装置

2017年，兖矿集团作为项目承担单位，联合华东理工大学、清华大学山西清洁能源研究院、煤炭科学技术研究院有限公司、山西阳煤丰喜泉稷能源有限公司等15家单位共同参与，承担国家重点研发计划——"大规模水煤浆气化技术开发及示范"的研究开发工作，获得国家专项经费2497万元，自筹经费3亿元。该项目通过掌握超大型水煤浆气化装置关键技术、高温高压复杂射流条件下多相湍流、混合与反应机理及过程强化、高温合成气夹带熔融灰渣颗粒传热特性及在辐射废锅内的流动和积灰机理等，建成单炉日处理煤4000吨级多喷嘴对置式水煤浆气化和单炉日处理煤2000吨级废锅—激冷型高效水煤浆气化两套示范装置，推动具有自主知识产权的超大型气化系统集成示范和技术优化，形成超大规模水煤浆气化成套技术，成为现代大型煤化工产业发展的强有力支撑。

（三）历经艰难困苦，喜迎累累硕果

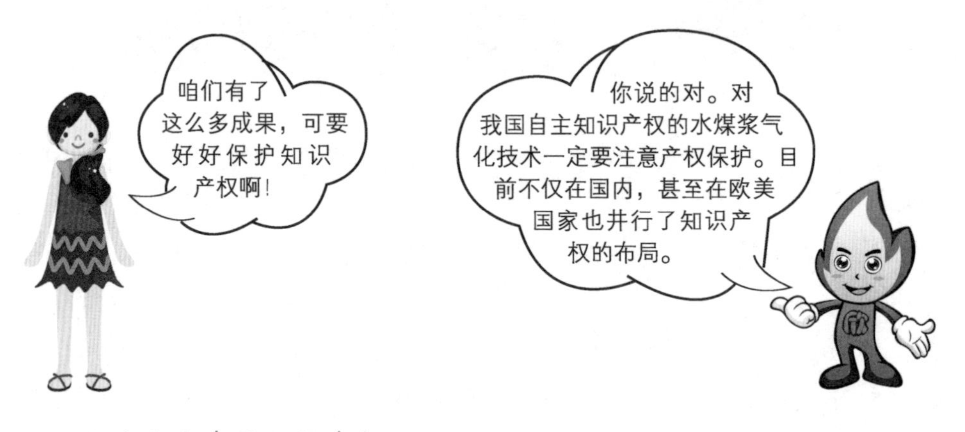

- 在全球布局知识产权

多喷嘴水煤浆气化技术工艺通过20余年的研发和工业应用推广，

基于形成的科研成果和工业应用中的优化和改进，获得了一系列专利技术，涵盖工艺技术、关键设备及仪控等领域。专利已在国内外均有申请，主要专利汇总见表4－1。

表4－1　多喷嘴煤气化主要知识产权清单

序号	类别	知识产权具体名称	国家（地区）	授权号	授权日期	权利人
1	发明	多喷嘴对置式水煤浆或粉煤气化炉及其应用	中国	ZL98110616.1	2001－02－28	华东理工大学、水煤浆气化及煤化工国家工程研究中心
2	发明	Method of gasification burner online feeding	欧洲	EP1959002B1	2015－03－25	兖矿集团有限公司
3	发明	Method of gasification burner online feeding	美国	US 7976595 B2	2011－07－12	兖矿集团有限公司
4	发明	Multi－Burner Gasification reactor for gasification of slurry or pulverized hydrocarbon feed materials and industry applications thereof	美国	US7862632B2	2011－01－04	华东理工大学
5	发明	一种分段固定支撑的气化炉衬里结构及其气化炉	中国	ZL200910195907 7	2013－06－05	华东理工大学

表 4－1（续）

序号	类别	知识产权具体名称	国家（地区）	授权号	授权日期	权利人
6	发明	一种多喷嘴对置式煤气化炉在线切换装置及其方法	中国	ZL201210008854. 5	2013－09－04	山东兖矿国拓科技工程有限公司
7	发明	一种新型气化炉激冷环	中国	ZL201410054667. X	2015－11－25	兖矿水煤浆气化及煤化工国家工程研究中心有限公司
8	发明	一种单 CCD 成像系统的炉膛内三维温度场检测装置及方法	中国	ZL201210207892. 3	2015－12－16	华东理工大学
9	发明	液态燃料部分氧化制合成气烧嘴	中国	ZL200710037138. 9	2009－09－02	华东理工大学
10		一种水煤浆气化炉拱顶	中国	ZL200910174963. 2	2010－05－05	兖矿鲁南化工有限公司
11	发明	多喷嘴水煤浆或粉煤气化炉及其工业应用	中国	ZL200510111484. 8	2008－02－06	华东理工大学
12	发明	一种激冷式浆态或粉态含碳物料的气化方法	中国	ZL200810039551. 3	2011－05－11	华东理工大学
13		气化水煤浆制备工艺及相应生产线	中国	ZL201110453527. 6	2015－04－29	兖矿鲁南化工有限公司

表4-1（续）

序号	类别	知识产权具体名称	国家（地区）	授权号	授权日期	权利人
14	发明	高温气体洗涤冷却装置	中国	ZL201310066387.6	2014-10-08	华东理工大学、上海熠能燃气科技有限公司
15	发明	一种高浓度改制褐煤水煤浆及其制备方法	中国	ZL 2011 1 0263089.7	2014-05-14	华东理工大学
16	发明	低阶煤制浆新工艺	中国	ZL 2011 1 0290635.6	2014-10-15	兖矿集团有限公司

● *获得多层次科学技术奖励*

获得的主要科学技术奖励见表4-2。图4-11所示为国家科学技术进步奖证书。

表4-2　获得的主要科学技术奖励

序号	获奖项目名称	获奖时间	奖项名称	奖励等级	授奖部门（单位）
1	新型水煤浆气化喷嘴研究与开发	1998-12	科技进步	一等奖	上海市人民政府
2	多喷嘴对置式水煤浆气化技术	2006-11	科技进步	特等奖	中国石油与化学工业联合会
3	多喷嘴对置式水煤浆气化技术	2007-12	科技进步	二等奖	国务院
4	多喷嘴对置式水煤浆或粉煤气化炉及其应用（ZL 98110616.1）	2008-01	专利奖	优秀	国家知识产权局

表 4-2（续）

序号	获奖项目名称	获奖时间	奖项名称	奖励等级	授奖部门（单位）
5	多喷嘴对置式水煤浆或粉煤气化炉及其应用（ZL 98110616.1）	2010-12	专利奖	二等奖	山东省科技厅
6	日处理煤2000吨级多喷嘴对置式水煤浆气化技术	2013-11	科技进步	一等奖	中国石油和化学工业联合会
7	高效大型水煤浆气化技术	2016-01	科技进步	一等奖	山东省政府
8	大型高效水煤浆气化过程关键技术创新及应用	2017-01	科技进步	二等奖	国务院

(a) 2007年国家科学技术进步二等奖

(b) 2016年国家科学技术进步二等奖

图 4-11 国家科学技术进步奖证书

二、树民族品牌，跻身全球煤气化主流技术

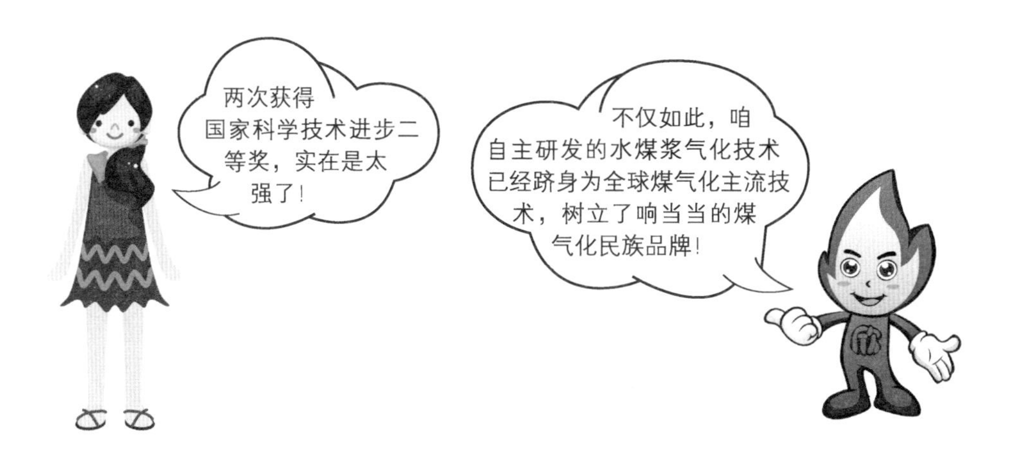

（一）发挥“龙头”作用，引领现代煤化工产业发展

煤气化是洁净煤转化的起点，也是煤炭清洁高效综合利用最重要的单元技术，煤制天然气，煤制烯烃，煤间接制油，煤制乙二醇和煤制芳烃等现代煤化工技术和IGCC发电，均以煤气化为龙头。所以煤气化技术工艺的先进与否直接影响煤化工产业的煤转化效率、项目成本和可持续发展。

“十五”期间，采用上述技术建设的兖矿国泰化工有限公司日处理煤1150吨示范装置投产。工业运行实践表明，该技术的各项指标均优于引进的水煤浆加压气化技术，奠定了我国自主水煤浆气化技术品牌的引领地位，从此掀开了我国煤气化事业的新篇章。

“十一五”期间，兖矿集团、华东理工大学承担了日处理煤量2000吨级多喷嘴气化炉“863”科研任务，神华宁夏煤业集团有限责任公司、江苏灵谷化工有限公司、上海焦化有限公司、安阳盈德气体有限公司的2000吨级多喷嘴气化炉也相继建成投产，标志着我国水煤浆煤气化技术大型化成功工业化应用。不仅成为国内自主知识产权煤气化的龙头，还成功跻身世界煤气化的主流技术行列。

为发挥龙头作用，“十二五”期间，兖矿集团、华东理工大学又承担了日处理煤 3000 吨级超大型气化炉“863”课题，依托荣信化工甲醇项目建设的“3000 吨/天级大型煤气化炉”于 2014 年 6 月 24 日投料运行，成为目前世界上单炉处理能力最大的水煤浆气化装置，为世界煤气化行业关注的焦点。

截止到现在，多喷嘴对置式水煤浆气化技术已成功推广转让 57 个项目（其中国外 2 个），共计 158 台气化炉。多喷嘴对置式水煤浆气化技术用户详见表 4－3，技术许可的费用已高达 7 亿余元。在所有煤气化技术中，多喷嘴对置式水煤浆气化技术签约项目的总处理能力排世界第三，日处理煤总量约 12 万吨。目前，国内单炉煤气化处理能力 2000 吨/天以上的水煤浆气化装置全部采用该技术。

多喷嘴对置式水煤浆气化技术应用的行业包括煤基化学品（如甲醇、氨、二甲醚等）、煤基液体燃料、IGCC 发电、多联产系统、制氢等行业。

表 4－3　多喷嘴对置式水煤浆气化技术专利许可统计表

序号	受 让 方	许可合同签订年度	气化炉数量/台
1	兖矿国泰化工有限公司	2001（示范装置）	3
2	中国华陆工程公司	2001	1
3	江苏灵谷化工有限公司	2006	2
4	滕州凤凰化肥有限公司	2006	3
5	江苏索普（集团）有限公司	2007	3
6	兖矿鲁南化肥厂	2007	1
7	神华宁夏煤业集团有限责任公司	2007	3
8	宁波万华聚氨酯有限公司	2007	3
9	山东久泰能源有限公司	2007	6
10	安徽华谊化工有限公司	2007	3

表4-3（续）

序号	受 让 方	许可合同签订年度	气化炉数量/台
11	山东盛大科技股份有限公司	2008	2
12	兖矿新疆煤化工有限公司	2009	3
13	上海焦化有限公司	2009	2
14	泛海能源投包头有限公司	2010	3
15	山东海力化工股份有限公司	2010	2
16	内蒙古荣信化工有限公司	2010	3
17	安阳盈德气体有限公司	2010	2
18	河南心连心化工有限公司	2011	3
19	烟台万华聚氨酯股份有限公司	2011	3
20	内蒙古五原金牛煤化有限公司	2011	2
21	陕西未来能源化工有限公司	2011	8
22	青海盐湖镁业有限公司	2011	3
23	中盐昆山有限公司	2011	2
24	宁波中金石化有限公司	2012	2
25	鄂尔多斯市国泰化工有限公司	2012	2
26	伊泰伊犁能源有限公司	2012	5
27	新疆心连心能源化工有限公司	2012	2
28	江苏华昌化工股份有限公司	2012	2
29	江苏灵谷化工有限公司	2012	1
30	内蒙古京能锡林煤化有限责任公司	2012	4
31	江苏三木集团有限公司	2013	2
32	新能凤凰（滕州）能源有限公司	2013	1
33	新能能源有限公司	2013	3
34	中国天辰工程有限公司（京能锡林煤化）	2014	2
35	恒力石化（大连）炼化有限公司	2014	6

表 4－3（续）

序号	受 让 方	许可合同签订年度	气化炉数量/台
36	中盐安徽红四方股份有限公司	2014	2
37	山东华鲁恒升化工股份有限公司	2014	3
38	江苏华昌化工股份有限公司	2015	1
39	万华化学集团股份有限公司	2015	2
40	湖北宜化化工股份有限公司	2016	2
41	湖北楚星化工股份有限公司	2016	3
42	浙江石油化工有限公司	2016	6
43	山东方宇润滑油有限公司	2017	2
44	山东方宇润滑油有限公司	2017	1
45	湖北三宁化工股份有限公司	2017	3
46	内蒙古荣信化工有限公司	2017	3
47	兖州煤业榆林甲醇厂	2017	3
48	九江心连心化肥有限公司	2017	3
49	韩国 TENT 公司	2017	2
50	内蒙古汇能煤化工有限公司	2018	3

如今，拥有我国完全自主知识产权的多喷嘴对置式水煤浆气化技术在近几年的市场推广、转让中取得骄人业绩，已成功在国内外煤气化技术转让市场上占据重要份额，展现出强劲的发展势头，牢牢地树起了我国自主知识产权煤气化技术的大旗。

（二）声名鹊起，向发达国家输出技术

随着多喷嘴对置式水煤浆气化技术进入全球先进煤气化技术行列，国外煤气化技术对中国的长期垄断逐渐被打破，多喷嘴对置式水煤浆气化技术已经成为大型煤气化项目的主流选择之一。

2006 年在美国华盛顿召开的国际气化年会，主办方安排中国代表在大会上介绍了多喷嘴对置式水煤浆气化技术，获得了巨大反响。

随后每年的国际气化年会都有对该技术的连续报道，介绍其技术进展和工业应用情况。

国际著名气化专家、《Gasification》一书作者克里斯托弗(Christopher Higman)对多喷嘴对置式水煤浆气化技术评价较高,并将该技术写入其著作《Gasification》第二版中。国际期刊《Chemical Engineering》的高级编辑弗兰克法特(Frankfurt)在其为“News Front”栏目撰写的主题论文中,着重介绍了多喷嘴对置式水煤浆气化技术及其应用状况。

多家国际公司就采用多喷嘴对置式水煤浆气化技术的相关事宜与专利商进行了洽谈。经过长时间深入的技术交流和实地考察，2008年7月，美国 Valero 能源公司（北美最大的炼油公司，2007 年全球500 强排名第 43 位）签订了采用多喷嘴对置式水煤浆气化技术的商务合同，将运用该技术进行石油焦气化制氢项目，所建设的石油焦气化项目为目前全世界最大的气化装置，总投资达到 30 亿美元。该项目也是中国大型化工成套技术首次向美国等发达国家输出。

2016 年 9 月，兖矿集团、华东理工大学与韩国 TENT 公司关于煤气化制合成气项目的多喷嘴对置式水煤浆气化技术许可签订协议。该项目采用多喷嘴对置式水煤浆气化技术，拟在韩国丽水工业园区建设合成气供气装置，为园区内燃料电池、化学品等的工业生产提供合成气。充分体现了多喷嘴对置式水煤浆气化技术在国际市场的竞争力。

（三）国内外同行的客观评价

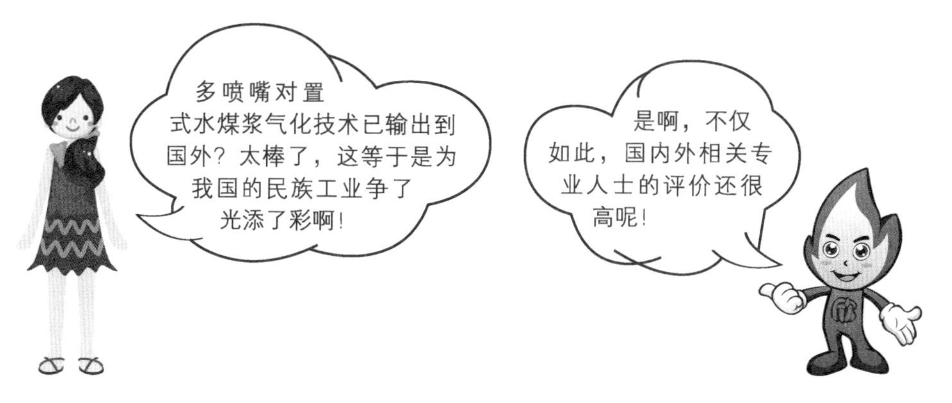

● 国际评价

◆ 美国能源部2013年1月在其官方网站公开发表的气化数据库中对多喷嘴对置式水煤浆气化技术给予了这样的评价："多喷嘴对置式水煤浆气化技术已有广泛的工业应用，非常适合于大型化，气化炉规模已经达到了3000吨/天。先进的烧嘴结构设计，强化了炉内混合，保证了气化性能，有利于烧嘴更换"。

◆ 美国能源技术国家实验室（NETL）2011年7月发表报告时称："多喷嘴对置式水煤浆气化技术不同于GE和Conoco Phillips的水煤浆气化技术，该技术具有优良的操作性能，运行稳定，更容易实现气化炉的大型化。该技术碳转化率高、$CO+H_2$成分高，四喷嘴对置更容易提高气化炉操作负荷，火焰结构合理，延长了耐火砖寿命。"

◆ 化学化工领域国际顶级期刊《Chemical Review》在2014年114卷发表了德国著名气化专家海格曼（Higman）博士的论文，对多喷嘴对置式水煤浆气化技术进行了综合评述："多喷嘴对置优化了停留时间分布，提高了煤气化过程的碳转化率。"该论文还引用了项目研发团队在煤气化领域的基础研究成果，引用论文32篇。

● 国内评价

◆ 清华大学焦树建教授在其2014年出版的《整体煤气化蒸汽－燃气联合循环（IGCC）工作原理性能与系统研究》专著中对多喷嘴对置式水煤浆气化技术给予了高度评价："气化炉抗波动能力强、运行可靠性强；改善了耐火砖的使用寿命，提高了气化炉的可用率；煤气分级除尘效果显著；扩大了气化炉负荷调节范围并增大了单炉生产容量；容易实现"不停车倒炉"的特殊运行方式；环保性能较好，适合在大容量气化系统中使用。"

◆ 2014年7月7日《中国化工报》头版刊登的"我自主气化炉稳运创世界纪录"一文中，孙正泰、唐宏青、程祖山等煤化工专家认为："多喷嘴水煤浆气化装置连续稳定运行511天，证明技术非常成熟，相应的设备技术比较完善，将为我国大型煤化工发展提供技术

支撑。”

◆ 2015 年 9 月，中国石油和化学工业联合会同行专家现场考核评价：“该日处理煤 3000 吨级气化装置是目前世界上单炉规模最大的高效稳定运行的水煤浆气化装置。该示范装置的成功运行充分体现了多喷嘴对置式水煤浆气化技术在大型化和长周期安全稳定运行方面的突出优势，为大规模现代煤化工产业的发展提供了重要支撑。”

第五篇　煤气化技术发展趋势

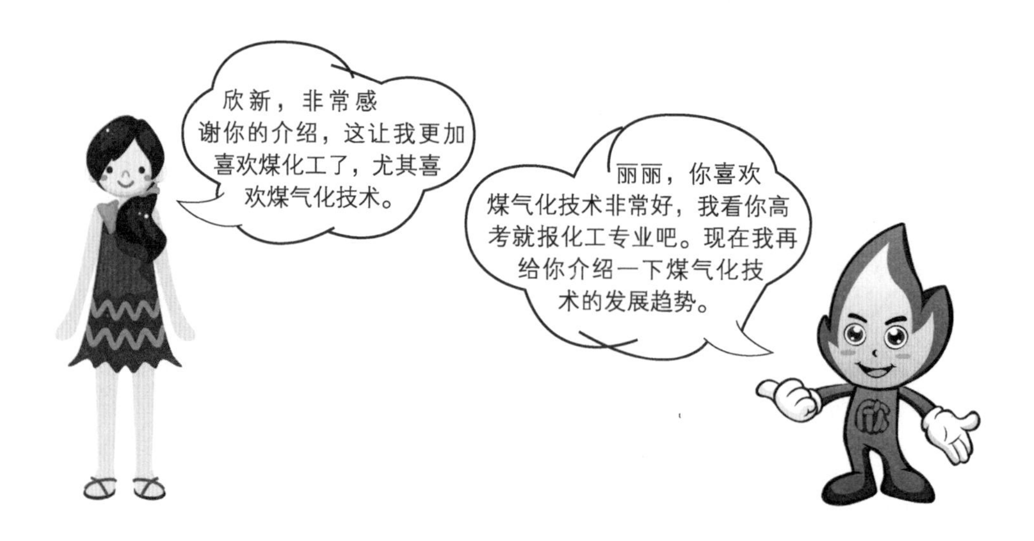

一、主流煤气化技术进展

长期以来，我国坚持引进技术和国内开发两条腿走路，相辅相成地提高我国工业产业科学技术水平。即先引进1～2套技术，消化吸收改造后再逐步完善的创新之路。

煤气化领域也一样。通过国家科学和技术工业部立项，大型煤炭企业集团投入大量资金，坚持“产、学、研、用”联合攻关，使得国内煤气化技术的创新研发欣欣向荣，新的煤气化技术不断涌现。一些自主创新的煤气化技术正在从工业化试验阶段稳步进入示范建厂阶段，有的像多喷嘴对置式水煤浆气化技术则已广泛工业化运营。

按气化炉内物料气化的形态来分，煤气化技术主要分为三大类：

固定床气化技术、流化床气化技术和气流床气化技术。目前正在研发的自主知识产权的煤气化技术主要有四喷嘴水煤浆气化技术、干煤粉气流床气化技术（航天炉）、宁煤炉、晋华炉、干煤粉两段炉气化技术、灰熔聚流化床气化技术、多元料浆气化技术等。

这些技术在开发进程中，不同程度地不断得到国内企业家的支持，这是令人鼓舞的新形势。下面通过知识链接把国内外主流煤气化进行简单介绍。

知识链接：固定床气化、流化床气化和气流床气化

固定床气化：是块煤从炉顶加入，自上而下经历干燥、干馏、还原、氧化和灰渣层，灰渣最终经灰箱排出炉外；气化剂自下而上经灰渣层预热后进入氧化层和还原层，生成的煤气显热用于煤的干馏和干燥。目前常用的气化炉为碎煤加压气化炉和固定床间歇式气化炉。

流化床气化：是气化剂由炉下部吹入，使细粒煤（<6 毫米）在炉内呈并逆流反应，气化剂通过煤粉层，使燃料处于悬浮状态，固体颗粒的运动如沸腾的液体一样，也称沸腾床气化炉。

流化床煤气化炉为固态排渣，气化温度适中，比较适合于高灰、高灰熔点煤种的气化。流化床技术主要包括：灰熔聚流化床技术、温克勒/恩德炉气化技术、鲁奇循环流化床技术、SES 流化床气化技术等。

气流床气化：是原料煤（煤粉或水煤浆）由气化剂夹带入炉，进行并流式燃烧和气化反应。受气化空间的限制，反应时间很短（1～10 秒），反应温度高（火焰中心温度在 2000 ℃以上），采用液态排渣。

气流床气化技术主要有引进的壳牌干煤粉加压气化技术（SCGP）、GSP 干粉加压气化技术、科林粉煤加压气化（CCG）技术、

GE 水煤浆加压气化技术、E－GAS 水煤浆气化技术和我国自主研发的多喷嘴对置式水煤浆气化技术、航天炉（HT－L）粉煤加压气化技术、多元料浆气化技术（MCSG）、两段式干煤粉加压气化技术、水煤浆水冷壁气化技术（清华炉）、单喷嘴冷壁式粉煤气化技术（SE 东方炉）。

固定床气化、流化床气化、气流床气化的区别：固定床气化是床层基本不动或者说缓慢向下移动；流化床气化是气体由下穿过煤层，气固并逆流反应，固体颗粒运动如沸腾液体一般；气流床气化是指气体携带原料煤喷入反应器内，需要较高的反应温度及压力，反应器内流场较为复杂，通常分为不同反应区。

二、煤气化技术工艺未来研发方向

高压、大容量气流床气化技术具有良好的经济和社会效益，代表着目前煤气化技术的发展趋势，是目前最先进的煤气化技术之一，是煤炭高效深加工技术的龙头和关键。随着科学技术和社会经济的发展，大型煤气化技术也将不断发展，如何提高煤气化整体效率、煤种适应性、气化炉单炉生产能力、装置的可靠性，提高和推进绿色煤气化工艺，减少污染物排放、降低投资强度、强化煤气化与新型煤化工的技术集成是煤气化技术的发展方向。

（一）能量高效转化与合理回收

合理回收煤气化合成气高温显热是提高煤气化整体效率的重要环节。回收合成气显热的技术主要有激冷工艺和废热锅炉工艺两种。激冷工艺设备简单，投资少，但能量回收效率低。废热锅炉工艺热量回收效率高，但设备庞大，投资巨大。以 Shell 废锅流程煤气化技术为例，日处理 1000 吨煤气化炉废锅高约 45 米，采用废锅流程的投资较采用急冷流程的投资高 5 亿元以上。

采用先进的气流床气化技术，碳转化率已达 99%，仅通过强化煤气化炉中的混合过程和传递过程已很难大幅提高气流床煤气化的效

率。近年来，人们尝试通过二次喷煤等以“化学激冷”的方式来实现高温合成气显热的充分利用。通过工艺优化和技术改进，研究煤气化整体工艺的匹配性，回收气化高温热量，实现节能降耗。

（二）提高煤种适应性

煤气化技术从固定（移动）床到流化床，再到气流床，一方面是适应大型化的要求，另一方面是为了拓展气化技术对煤种的适应性。同时，大型煤化工装置和煤矿结合发展是现代煤化工的发展趋势，如何实现资源的优化配置，合理使用煤炭资源，按照煤质的情况、产品情况匹配合适的气化技术，提高煤种适应性是煤气化发展过程必须合理解决的重点问题之一。

首先，建议采用合适的配煤技术，保证气化炉在一定时间内实现稳定进料；其次，通过劣质煤预处理提质等技术的开发可为气流床气化技术提供较为适宜的气化原料；最后，采用复合煤气化技术提高煤炭资源的利用效率，优质优用，劣质劣用。以合成气制天然气项目为例，充分利用煤炭开采过程中的粉煤，采用固定床气化技术与气流床气化技术相结合，既提高了煤炭资源的利用效率，又解决了煤气化效率与废水处理问题。

（三）煤气化工艺装置的大型化

大型化、单系列是现代过程工业发展的一个显著标志。气化炉能力向大型化发展，有利于与新型煤化工工艺整体的匹配，提高整体产业链的经济性和合理性。由于气化炉外形尺寸受制造、运输和安装等客观因素限制，必须通过提高温度、压力和强化混合等方式来实现气化炉的大型化发展，气流床易于实现上述的扩能方式，是大型化的必选技术。

已工业化的煤气化技术中，规模在1500吨/天以上的煤气化装置均采用高压气流床技术。通过提高压力和强化混合等方式可进一步保持气流床气化技术的优势。根据进料特点（粉煤或煤浆），结合水煤浆进料的雾化过程和粉煤进料的弥散过程特点，通过采用合理的喷嘴数量及设置，与气化炉匹配形成较合理的炉内流场结构，实现混合过程强化。

（四）进一步提高煤气化装置的稳定性和可靠性

煤气化装置作为煤化工的核心和龙头装置，必须具有稳定供应合成气的性能，是整个煤化工装置能否稳定运行的关键，因此对气化系统的长周期可靠性提出了非常高的要求。

提高煤气化装置可靠性的技术途径主要包括以下 3 个方面：一是原料稳定性。建立入炉煤标准，通过配煤或添加石灰石等工艺，保证入气化炉煤质稳定，提高煤气化装置的可靠性。二是工艺优化。降低气化技术的工艺复杂度，通过工艺创新和优化，实现气化装置的长周期可靠性。三是关键设备的优化。提高关键设备（如喷嘴、阀门、耐火衬里等）的可靠性，通过关键设备设计理论和关键材料的突破、关键部位防护技术的突破，实现单个设备的长周期运行。

（五）煤气化废水处理和碳减排

煤气化废水是一种典型的高浓度、高污染、有毒、难降解的工业有机废水，另外，废水水质因各企业使用的原煤成分及气化工艺的不同而差异较大。但相对来说，气流床气化工艺产生的废水较少，污染程度较低；固定床气化工艺等产生的废水污染程度较大，特别是产生的含酚废水很难处理，运行成本高。

因此，针对不同的煤气化工艺和所用的煤种，应采用有针对性的工艺对其废水进行处理。选择低废水排放的气化技术，积极稳妥地采用新技术、新工艺、新设备和新材料，是解决煤气化污水处理问题及其处理技术的关键。通过研究掌握煤气化过程中污染物的迁移转化机理，降低煤气化过程中污染物的排放；通过采用新型废物治理技术，如生物法处理废水、废渣等，实现煤气化装置的零排放；开发各种污泥和高浓度有机废水与煤共气化技术，实现气化炉资源化处置有机污染物。

（六）煤气化与现代煤化工集成研究

根据煤种性质和产品特点，研究开发煤在加工过程中的组合技术和多联产技术，是今后煤气化的发展趋势之一。通过煤气化技术与现代煤化工的集成或耦合，可进一步提高煤的高效利用及其加工转化的效率。同时集成与煤气化技术相配套的 CO 耐硫变换、酸性气体净化等工艺和催化剂、溶剂技术，提高煤气化装置的稳定性和经济性。

（七）研发新型煤气化技术

新型煤气化技术不断涌现。例如，已衍生出煤催化气化、加氢气化等多种类的新型气化技术。多种煤气化技术的研发，为现代煤化工产业发展提供了更多新的发展方向。

知识链接：催化气化、加氢气化

催化气化：煤催化气化指煤或焦炭、半焦在有催化剂和高温常压或加压条件下，与气化剂反应转化为气体产物和少量残渣的过程。气化剂主要是水蒸气、空气（或氧气）或它们的混合气。在炉内同时发生氧化燃烧、还原、蒸汽转化、甲烷化等反应。其中的一氧化碳变换反应只有在催化剂存在下才以显著的速度进行。

加氢气化：在中温（800 ~ 1000 ℃）、高压（5 ~ 10 兆帕）和富氢条件下，煤粉与氢气反应直接生成甲烷，轻质芳烃油品和洁净半焦的过程。这一过程包括煤快速受热后挥发分快速析出的加氢热解过程以及残余的焦炭与氢气发生反应生成甲烷的煤焦加氢气化过程。产品气中甲烷含量、油品收率和组成、碳转化率等与反应条件有很大关系。

中国缺油、少气和富煤的能源结构导致把发展煤化工作为能源安全和化工原料结构调整的重要途径。中国是世界上使用煤气化技术门类最多和建有煤气化装置最多的国家，但煤化工耗水量、二氧化碳排放量和“三废”排放量均较大，给生态环境带来较大压力。

进入“十二五”后，针对煤化工行业中存在的技术重复引进、项目盲目建设、产业发展失控等状况，国家进一步出台政策，严格规范煤化工产业秩序、合理引导产业有序发展，进行引导和调控的方向也越加清晰。对新上煤化工项目的能源转化效率、综合能耗、吨产品新鲜水用量等具体指标进行控制，并对示范项目采用的技术和设备进行了明确规定，而这些恰恰是煤气化技术今后创新研发的重要方向。

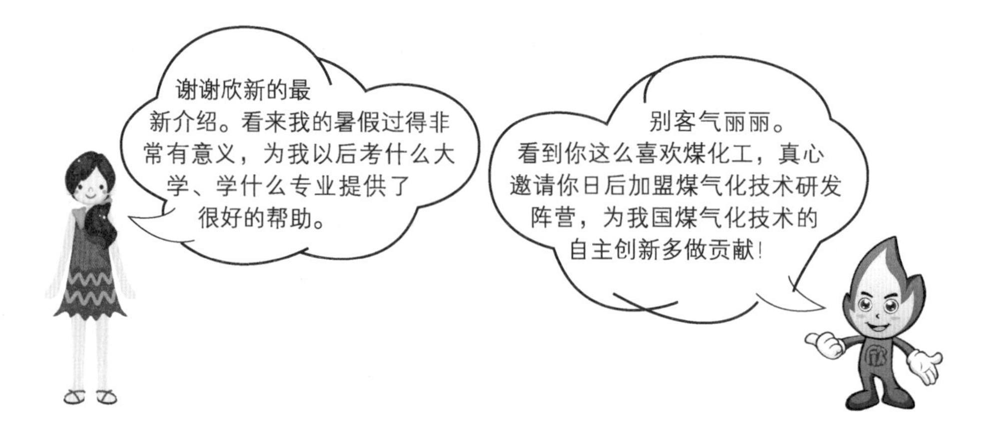

附录

附录1 水煤浆气化技术诞生的摇篮——鲁南化肥厂

兖矿鲁南化肥厂北面有个古称“目夷沟”的村庄，村庄依山而建，山脚下有古井一眼，相传这里就是我国古代科圣——墨子的诞生地。她1967年在先贤之地建设，50多年来一直秉承墨子精神，始终把科技创新作为“建厂之路、兴厂之策”，推动我国煤化工及煤气化的发展。附图1－1为原兖矿鲁南化肥厂，今兖矿鲁南化工有限公司鲁南化肥厂（以下简称鲁化）全貌。

附图1－1 兖矿鲁南化工有限公司鲁南化肥厂全貌

一、第一次创业——率先投产的国家中型氮肥厂

鲁化是“三五”计划期间兴建的一家中型氮肥厂，设计规模为年产合成氨6万吨、尿素11万吨，整套装置和工艺都是由我国自主开发，自行设计，自制设备，自己安装。装置的净化工艺，采用的是

国内研制的三催化剂和湿法脱硫脱碳气体净化等最新工艺技术。该技术经过中试后，第一次应用到生产装置上，缺少生产经验。面对这套科技含量高、工艺流程新的生产装置，鲁化的第一代创业者在各级领导的支持关心下，和参与工程建设的设计、制造、施工等有关单位一起，自力更生，刻苦钻研，攻克设备制作和安装技术上的一道道难关。经过 5 年的工程大会战，于 1972 年 9 月，在全国同期建设的 8 个中型氮肥厂中率先建成投产。

装置投产后，由于净化技术没有经过生产检验，出现了净化脱硫堵塔、脱碳腐蚀设备、触媒使用寿命短等一系列“卡脖子”问题，致使生产一度处于频繁停车以及产品产量低、消耗高、质量差的不正常状态，投产当年亏损 462 万元。从 1972 年建成投产到 1976 年，因净化故障造成的停车次数占了全系统停车次数的 50% ，净化技术问题已严重影响企业生存与发展。“净化问题必须解决，生产必须达标”，成了鲁化人的共识。

面对严峻的生产形势，鲁化的创业者深切地认识到科学技术对于发展生产的极大推动作用。当时的化工部为了解决全国化肥生产中普遍存在的净化工艺技术难关，决定在鲁化开展净化工艺攻关会战。附图 1 – 2 为鲁化建成投产会战的场面。

要想攻克技术难关，不仅需要科学严谨的作风，而且要有大胆创新的勇气。在净化脱碳系统的技术攻关中，他们通过大胆试验，总结出了以硅代矾防止脱碳系统腐蚀与结垢的曲线，从而形成了无毒脱碳新技术。这一研究成果不仅打破了美国专家所设置的禁区，而且运用硅代替进口矾进行脱碳，填补了我国的一项技术空白。正是凭着这种科技创新精神，鲁化终于攻克了净化系统脱硫堵塔、脱碳腐蚀设备和触媒使用寿命短等一系列技术难题，全面打通了净化工艺流程。在净化攻关的过程中，他们还自行设计、改造安装了碳酸钾生产装置，成功地进行了碳酸钾产品的生产。这项新技术的开发应用，不仅解决了生产需求，而且填补了我国碳酸钾生产技术的空白。

附图 1－2　鲁化建成投产会战

1976 年 11 月 14 日，为清理脱硫塔，五百多名干部、工人、家属和学校师生，从 30 多米高的塔顶到地面，排成双层人梯，连续工作 12 小时，一鼓作气完成了卸、装 50 米^3 瓷环和清除塔内结固硫黄和碱液的任务，为恢复生产赢得了宝贵时间。1977 年春节临近，脱碳攻关进入决战时刻，会战攻关小组调集了 500 名精兵强将，分成两批，轮番上阵，用一天时间，完成了脱碳塔内 75 层筛板、20 万个筛孔的清理任务。正是有了这种团结协作、协力攻关精神，经过几百次的试验，一年多的艰苦奋战，鲁化人终于攻下了长期影响正常生产的净化系统的重大难关。

净化攻关获得了巨大成功，鲁化在全国同类型装置中首先扭亏为盈，率先突破设计能力，获得了 1978 年全国科学大会奖。净化攻关的成功，奠定了鲁化在全国化工行业排头兵位置，也坚定了全国同类型厂达标生产的信念。

通过艰苦的科技攻关，1976 年，鲁化由连年亏损变为实现利润 316 万元；1977 年，合成氨产量达到 6.13 万吨，从而使鲁化不仅在全国同期建设的 8 个同类型厂家中第一个建成投产，而且又第一个实现扭亏为盈、第一个突破设计生产能力。同时，八大经济指标在全国同类型企业中均处于领先地位，企业在化工部组织的全国同类型厂际竞赛中，多次被授予“优胜红旗”称号。1978 年，无毒脱碳技术和离子交换法生产碳酸钾技术同时获得全国科学大会科技成果奖，净化攻关项目荣获山东省科技一等奖。正是由于科技攻关的巨大成就,鲁化被树立为全国化工行业的排头兵。这些技术成果,在全国同类型企业中广泛推广应用,为推动我国煤化工事业的发展做出了突出的贡献。

在第一次创业中，鲁化经历了从无到有，从小到大的发展历程。从白手起家到在全国同类型装置中第一个建成、第一个达产;从全国中型氨厂厂际竞赛优胜单位到大庆式企业,从荣获净化科技攻关一等奖到荣获全国科学大会奖,鲁化赢得了国家中氮肥企业发展的数项“第一”,成为同类型企业的排头兵。在那个年代诞生的“守孤岛”“爬坡拉练”“净化攻关”精神成为鲁化第一代创业者留下的宝贵精神财富。

二、二次创业——引进、消化、吸收德士古水煤浆气化

党的十一届三中全会以后，鲁化人牢牢抓住机遇，进一步解放思想，把企业的发展明确定位在依靠科技进步、走以内涵为主扩大再生产和提高经济效益的方向上。同时奋进中的鲁化人把眼光瞄向了世界。当时，美国德士古公司已开发出具有世界先进水平的煤气化技术——水煤浆加压气化制合成气。但是，如果全套引进这套技术装置，虽然便捷，可耗资巨大，一次性投入太高。

为了把有限的资金用在刀刃上，鲁化凭着自身的科技实力和人才优势，大胆采取了引进软件与国内自主开发相结合的方式。即只引进德士古水煤浆加压气化技术软件包（PDP）及部分关键设备、仪表，立足自主开发，联合国内著名的科研设计单位，进行消化、吸收和创新。通过这一方式，其生产装置国产化率高达 90% 以上，比成套引进节省投资 40% 左右。以此为标志，鲁化开始了第二次创业。附图 1 - 3 为工程技术人员讨论科技攻关方案。

附图 1－3　工程技术人员讨论科技攻关方案

然而，由于这项技术装置属国内第一套示范性装置，加上与之相配套的耐硫变换、NHD 脱硫脱碳和轴径向合成塔等一系列新技术，在国内也都是首次应用于工业生产，因此能否开好这套装置非常关键。为此，鲁化响亮地提出了“瞄准世界水平，攀登科技高峰。开好气化装置，振我中华雄风”的口号，并展开了大规模的科技创新活动，解决了技术上的“拦路虎”，全面打通了这套技术装置的工艺流程。1995 年，全套装置实现了全面达产目标（即达到年产合成氨 8 万吨、尿素 13 万吨的设计能力）。随后，不断加大科技攻关投入，优化工艺条件，完善操作技术，提高生产能力，使这项技术日臻成熟和完善，其装置的各项指标均达到或优于设计要求。特别在操作技术等方面，取得了一系列重大突破，形成多项自有技术。这套新技术的成功开发和应用，为我国的煤化工事业开辟出了一条新路：一是改变并拓宽了合成氨生产的原料路线，实现了就地取煤、就地加工，突破了中氮“煤头”厂只能用焦炭或无烟煤的单一原料结构；二是通过采用NHD气体净化新工艺，实现了一次脱硫、一次脱碳，简化了流程，提高了气体净化度，克服了传统净化工艺“冷热病”的缺陷；三是生产的全过程实现了DCS计算机控制，自动化程度达到了世界先进水平；四是降低了消耗和生产成本；五是有利于环境保护，由于对硫化物等有毒物质的转化率高，与其他工艺系统相比，该套装置能将污染降到最低，因此又被称为“洁净煤技术”。附图1－4为鲁化德士古气化装置。

附图1－4　鲁化德士古气化装置

“水煤浆加压气化及气体净化制合成氨新工艺”的开发创新成功，先后摘取了1994年度化工部科学技术进步一等奖、1995年度国家科学技术进步一等奖等多项桂冠，并被国家科委、化工部列为“九五”重点科技推广成果，利用这一技术对国内6家中氮肥厂和3家大氮肥厂进行技术改造。由于对德士古气化技术的成功应用和开发创新，1999年11月，在北京人民大会堂，美国德士古公司为鲁化举行了年度优秀用户颁奖典礼，这也是当时德士古公司向美国本土外用户颁发的唯一一块奖牌。

为了进一步发挥该装置的技术优势，对生产系统进行技术改造、填平补齐，鲁化于1998年又投资5.6亿元建设了二期工程接续项目。该项目的设计规模为年产10万吨甲醇，以及NHD脱硫脱碳技术；甲醇系统采用国内开发的低压合成和三塔精馏技术，产品质量和消耗可直接与国际先进水平接轨；控制系统全部采用了DCS自动化控制。这些工艺大多是首次在国内使用，有些工艺流程还是国内首创，装置无论是在设备选型、流程确定、装置配套，还是在操作方式等方面，均达到国内先进水平，部分工艺达到国际先进水平。

1995年，在国家主导下，鲁化联合清华大学、华东理工大学、南京化工研究院、西北化工研究院、西南化工研究院、天辰设计院等单位成立了国家级“水煤浆气化及煤化工国家工程研究中心”，主要进行煤化工、碳一化学及含氧化合物工艺技术及关键设备的研究和开发。为了促进科研成果的转化，1999年，依托鲁化组建了省级“高科技化工园区”。1999年底，鲁化并入兖矿集团成立了兖矿鲁南化肥厂。

这些科研机构的建立，为推进煤化工技术的开发和应用创造了重要基础条件。短短几年，“中心”就建立了煤质评价实验室、催化实验室、综合分析室，并完成了千吨级甲酸甲酯中试、还原性气体生产海绵铁中试、8.5兆帕气化炉和新型气化炉中试等一批实验开发和工程转化项目。其中，与华东理工大学、中国天辰化学工程公司合作开发的多喷嘴对置式新型气化炉于2000年8月获得中试成功，同年11月顺利通过国家有关部门组织的运行考核和技术鉴定。2001年2月，国家知识产权局对该成果授予专利权。经鉴定，该技术已达到国际领先水平，并且在有效气体成分、碳转化率、比煤耗、比氧耗等指标上，均优于国外同类型先进技术，不仅实现了我国洁净煤技术的重大突破，填补了国内煤化工气化技术的空白，具有自主知识产权，而且使鲁化抢占了我国煤气化及煤化工技术的制高点。目前鲁化已更名为兖矿集团有限公司兖矿化工有限公司的兖矿鲁南化工有限公司。附图1－5为多喷嘴对置式水煤浆气化工业示范装置。

附图1－5　多喷嘴对置式水煤浆气化工业示范装置

鲁化的科技创新历程见证了我国煤化工从无到有、从小到达的过程，2008年化工部副部长谭竹洲称赞鲁化是“中国现代煤化工的摇篮”。

附录2 我国气流床煤气化技术的开拓者——于遵宏

于遵宏（1936—2008），山东青岛人，1960年毕业于华东化工学院无机物工学专业，毕业后一直留校任教，倪维斗院士和谢克昌院士高度评价其为“我国气流床煤气化领域的开拓者、自主知识产权大型煤气化技术发明人”。附图2－1为于遵宏教授工作照。

附图2－1 于遵宏教授工作照

针对中国“富煤贫油少气”的资源与能源现状，于遵宏先生带领团队，发扬“汗水哲学”精神，20多年如一日，矢志不移研发中国人自己的大型煤气化技术。2005年，由他领衔研发的“多喷嘴对置式水煤浆气化示范装置”在兖矿集团一次性成功投料，标志着我国第一次拥有具有自主知识产权的大型煤气化技术和配套装备，改写了中国大型煤气化技术完全依赖进口的历史。他曾承担和参与

“973”计划、“863”计划等近20个科研项目，获得2007年度国家科学技术进步二等奖以及多项省部级科技奖励，同时长期坚持在教学第一线，培养了一大批优秀学生。

“我相信汗水哲学”，华东理工大学洁净煤技术研究所团队创始人于遵宏先生经常这么说，而且毕其一生来践行。可以说，于遵宏的“汗水哲学”就是对“勤奋求实，励志明德”华东理工大学校训精神的生动诠释。

于遵宏教授长期从事合成氨、天然气蒸汽转化、渣油气化、水煤浆气化过程工艺与装备的研究，在国内首次建立了天然气蒸汽转化炉辐射传热的数学模型，提出了描述气流床气化过程的区域模型以及系统的气流床煤气化过程的开发研究方法，填补了国内该研究方向的空白。

一、刻苦钻研，着迷科学前沿

大学期间，于遵宏着迷于科学前沿技术，参与硫酸工艺的开发。一毕业留校，他就尝试过研发半导体单晶硅。20世纪60年代后期，他参加的鼠笼式冷管型径向氨合成塔的设计与改进项目，1977年投产后产量比国内同类型氨合成塔增加30%，而压差降低了6~8倍，经济效益居当时国内氨合成塔的首位。1978年，该项目获全国科学大会奖。

20世纪80年代时，全校仅有一台大型计算机，即国产719机。这台早就销声匿迹的“老爷”计算机，对当时的教学研究做出过巨大贡献。为了最大限度地利用这台计算机，学校计算机房专门印制了“上机票”、并按计划发放到各个系，全校仅有为数不多的顶尖教师和博士生才能争取到宝贵的上机机会，于遵宏就是其中之一。即使有了“上机票”，合适的时间段总是预约爆满。于遵宏总是先人后己，从不与人争抢白天的“好时段”，而是挑晚上甚至午夜之后上机。他经常通宵达旦地在机房里反复修改、调试程序，寂静的夜里，机器的声响格外清晰，每次离开机房时，他总要对值班的老师表示歉意，用浓重的山东口音说声“打扰了”。就是在这台机器上，于遵宏开发了蒙特卡罗法计算转化炉的三维空间温度分布，建立了整个蒸汽转化炉、管式加热炉的完整数学模型。这一技术当时在国内居于领先地位，获上海市 1982 年重大科技成果三等奖。

我国是煤炭资源大国，煤炭作为我国的基础资源和重要原料，其战略地位几十年内不会改变，中国必须要有自己的煤气化技术。有鉴于此，20 世纪 80 年代末，年过半百的于遵宏立下了一个宏愿：“一定要开发出中国自己的大型煤气化技术。”

二、无惧寒暑，有志者事竟成

20 多年如一日，他带领华东理工大学洁净煤研究所的同事矢志不渝潜心研究，放弃节假日和周末的休息时间，一年 365 天只休息大年初一一天，每天早上 5 点多就到实验室制订实验方案，构思创新计划，天黑了才回家，一天中十几个小时泡在实验室。

2000 年夏天，于遵宏团队研发的煤气化技术在山东兖矿集团鲁南化肥厂中试成功。在中试关键阶段，64 岁的他，冒着 40 ℃酷暑高温，日夜守候着装置，困得实在撑不住了，就在车间临时搭的木板床上睡上两个小时。为获取技术参数，五层楼高的塔架上，他一天要爬上爬下十几趟。他怀揣降压片，守在工厂装置现场测试数据，确保了中试成功。附图 2－2 为于遵宏教授在鲁南化肥厂现场指导中试。附图 2－3 为于遵宏教授向时任科技部副部长的邓楠介绍实验室情况。

2005 年，首套煤气化装置运行，于遵宏硬是拖着中风后不便的身体，登上 50 多米高的装置框架，看一眼自己用毕生精力开发的中国人自己的气化装置。

“多喷嘴对置式水煤浆气化示范装置”在兖矿国泰的一次性成功投料，标志着我国第一次拥有具有自主知识产权的大型煤气化技术和配套工程，改写了我国大型煤气化技术完全依赖进口的历史。当庆祝

附图 2－2　于遵宏教授在鲁南化肥厂现场指导中试

附图 2－3　2001 年于遵宏教授向时任科技部副部长的邓楠介绍实验室情况

的鞭炮声响起时，于遵宏悄悄转头，拭掉了溢出眼眶的泪水。为了实现这一梦想，从 1983 年开始接触煤气化技术算起，他已经用了 20 多年的时间。

2008 年 7 月，兖矿集团华东理工大学洁净煤所与世界最大的炼油企业集团、世界 500 强之一的美国 Valero 公司，就专利实施许可达成协议。这是以他为首的科研团队用汗水铸就的煤气化领域的新辉煌。

三、汗水哲学，引领中国煤气化技术走向世界

于遵宏用“汗水哲学”践行着当初的誓言，终于让中国煤气化技术走向世界。但是，在自主创新的小煤浆气化技术与美国 Valero 公司达成协议前的一个月（2008 年 6 月 25 日），杰出的煤气化学者、教育家于遵宏教授抛下他挚爱一生的煤化工事业，永远地离开了这个世界。附图 2－4 为于遵宏教授培养的华东理工大学水煤浆煤气化研发团队。

附图 2－4　于遵宏教授培养的华东理工大学水煤浆煤气化研发团队

于遵宏先生过世后，山东兖矿集团鲁南化肥厂为了纪念他，把于先生走过的路命名为“于遵宏路”。中国工程院院士、时任华东理工大学校长的钱旭红为他手书挽联：“未带一粟，留下沧海；升华黑尘，洁净世界。”于遵宏先生就像他研究了半辈子的煤一样，燃烧了自己，温暖了世界，把毕生献给了祖国的科教事业。

参 考 文 献

[1] 杨南星. 煤焦用空气间歇气化与氧气连续气化的能耗比较 [J]. 煤气与热力, 1991, (2): 15 - 18.

[2] 王旭宾, 赵天一, 张东亮. 我国水煤浆加压气化的新进展 [J]. 煤气与热力, 1988, (5): 9 - 17.

[3] 马会华, 王凤敏. 浅析我国煤气化技术引进、研发及自主创新中存在的问题和鼓励措施 [J]. 煤炭加工与综合利用, 2006, (3): 38 - 41.

[4] 刘锁城, 王建东. 化工部化肥工业研究所与美国德士古开发公司签署煤气化试验合作协议 [J]. 陕西化工, 1991, (3): 38.

[5] 蒋威德. 鲁南化肥厂德士古煤气化工程即将破土动工 [J]. 煤化工, 1989, (2): 56 - 57.

[6] 邢贲思. 科学发展观读本 [J]. 北京: 科学出版社, 2006.

[7] 陈国兆. 煤炭气化技术 [M]. 北京: 煤炭工业出版社, 2011.

[8] 岑可法. 先进清洁煤燃烧与气化技术 [M]. 北京: 科学出版社, 2014.

[9] 张双全, 吴国光. 煤化学 [M]. 徐州: 中国矿业大学出版社, 2004.